新时代女性
心理成长转化道路

意象心理分析

黄浦芳 著

上海财经大学出版社

图书在版编目(CIP)数据

新时代女性心理成长转化道路：意象心理分析 / 黄浦芳著. -- 上海：上海财经大学出版社, 2025. 7.
ISBN 978-7-5642-4722-5

Ⅰ.B844.5

中国国家版本馆 CIP 数据核字第 2025GF3747 号

本书为 2022 年深圳市哲学社会科学规划课题"遵循深圳儿童心理发展规律的家庭教育研究"（编号 SZ2022D024）、深圳市人文社科重点研究基地（职业教育人才培养素质赋能研究中心）研究成果

□ 责任编辑　杨　闯
□ 封面设计　张克瑶

新时代女性心理成长转化道路
意象心理分析
黄浦芳　著

上海财经大学出版社出版发行
（上海市中山北一路 369 号　邮编 200083）
网　　址：http://www.sufep.com
电子邮箱：webmaster@sufep.com
全国新华书店经销
浙江天地海印刷有限公司印刷装订
2025 年 7 月第 1 版　2025 年 7 月第 1 次印刷

710mm×1000mm　1/16　13 印张（插页:2）　178 千字
定价:78.00 元

前　言

　　古埃及的神秘文化、希腊哲学，以及很多相关的艺术作品，例如雕塑、绘画、诗歌等，对我一直有巨大的吸引力。同样的感觉也发生在我与心理分析相遇的时候，心理分析仿佛为我重新打开了一扇门，使我进入一个完全不同的世界。在深入了解荣格心理分析与治疗中意象呈现的关系后，我发现这个领域竟然包含我喜欢的所有元素。在研究心理分析意象的同时，我也在为几位女性来访者做心理分析，我惊喜地发现，在做心理分析的过程中，接连不断出现的意象与心理转化的过程十分呼应。

　　通过对资料的搜集整理和研究以及分析和被分析过程中的亲身体验，我发现分析师更像是一个在密闭的实验室里观察和记录的实验者，对待来访者的心灵如同对待瓶中珍贵的物质。我相信每个来访者的心灵都包含金子和其他杂质，在分析室里激发无意识的反应像是火炉用不同的火力燃烧掉其中的杂质，而在无意识激发的过程中出现的一系列梦境、意象、艺术创作，与心理绘画、雕塑、诗歌描绘的一些景象惊人的相似。我们有理由相信，意象呈现的过程和心理分析的过程是同步的，这样不仅可以为无形的心灵建立起物质的联系，还可以帮助分析师将整个过程意识化，从而更加直观系统地理解心理分析的过程，并且能及时调整自己在过程中的态度、情绪和方式等。

中外学者继荣格之后对于心理意象分析进行了深入的研究,加深了我们对于荣格心理分析的思想以及在分析中应用的明显成效的认识。

本书在探讨荣格的心理分析理论和方法的同时,用实际分析案例对之加以验证。通过完整地荣格探索无意识过程,本书梳理了意象分析与心理分析结合的线索,用意象转化阶段和直观的来访者生活中的各种转化结合对比,全面整理出荣格心理分析理论的整个框架和实际操作原理,具体包括理论背景、分析师素质、分析环境及设置、分析态度、分析方法、分析过程中出现的阶段及相应反应。同时,本书还用个人状态和意识逐渐改变的过程作为辅佐说明,并用实际分析案例中出现的梦、意象,随时创作的绘画、沙盘作品以及穿插在相应理论分析之后的个案资料帮助读者理解相关内容。本书单独列出的个案分析片段则能够流畅地帮助读者理解几位女性来访者的心理特点、心理需求、心理困境和应对方式以及心理发展转化的典型阶段。

本书认同研究对象决定研究方法的方法论。心理分析意象转化是一个内证的经验性科学。本书提出的理论假设,只有建立在庞大的文献分析的基础上,才有可能完成。而对假设的验证,需要采用心理分析方法对个案进行分析,看分析结果是否符合假设所预定的结果。而个案研究的方法,基本上已经成为心理分析乃至精神分析最为常用的研究方法。

总的来说,本书属于采用文献分析和个案研究相结合的质性研究。虽然诸多学者对于心理分析过程皆有论述,但是,心理分析过程本质上是一个体验过程,别人的论述不能取代亲身的体验,只有真正地投入心理分析的实践,才可能真正地领会其中的滋味,真正将这个过程和理论框架比照与融通。本书对五位中青年(20～45岁)女性个案进行了长达2～5年的心理分析,呈现了很多意象,具体以语言描述景象、梦的画面,以及绘画、沙盘作品等呈现,把这几位女性在分析中的反应作为重要的判断依据。本书提及的女性均以花的化名替代,展现了女性心理的不同形态、个性、特质,同时也寓意着虽然她们各有特色,但都有花朵的共同发展阶段和特点。她们在风中播种、生根、发芽、含苞、绽放,也同样需要滋养、呵护、关注、尊重、欣赏、支持、自由等。希望读者能从中获得对自己有用的启发。

　　文献分析法和个案研究法在本书中呈现出交叉使用、互相印证的特点。我在研究前人的文献中,发现里面很多因素和心理分析的文献有类似之处,而在研究心理分析文献中,又发现女性在心理分析的转化过程中有很多类似之处,也与心理分析的意象呈现阶段十分呼应。通过这种比较交叉式的阅读,读者对两者及两者的同构型会有更深的了解。其次,我在文献分析中得出的理论假设,如心理分析的要素、过程等,能成为指导心理分析的理论框架;而分析的顺利进行表明这些框架具有实践价值,同时分析中所呈现出来的意象、梦境、阶段、咨访关系又与理论假设相符。

目 录

第一章 荣格心理分析理论起源/001
 第一节 荣格自我探索的过程/001
 第二节 荣格探索的心灵结构/004
 第三节 积极想象分析方法的创立/007
 第四节 心理治疗过程中心理意象呈现与转化/007

第二章 心理分析理论要素与治疗思想/010
 第一节 心理分析理论要素/010
 第二节 心理分析治疗思想/024

第三章 心理分析意识转化过程及个案研究/033
 第一节 旧自我的消逝/034
 第二节 初显的自性/050
 第三节 新的自我形成/063
 第四节 自性的红宝石/067
 第五节 "哲学家玫瑰园"心理分析解读/068

第四章　心理分析治疗案例/077
　　第一节　见风长大的依兰/077
　　第二节　风中绽放的百合/112
　　第三节　迎风而行的茉莉/133

附录一　个案玫瑰分析报告/175

附录二　个案绒花分析报告/186

参考文献/197

后记/200

第一章　荣格心理分析理论起源

第一节　荣格自我探索的过程

心理分析理论创始人心理学家卡尔·古斯塔夫·荣格自我探索的经历及其思想转变要从他做的一个梦说起。

1925年,荣格第一次提出了面对无意识的公然解释,他有一个著名且为后人津津乐道的杀害齐格弗里德的梦。根据荣格的解释,梦中齐格弗里德的死亡是必要的,这让他通过体验无意识得到研究结论。

齐格弗里德是北欧神话里的英雄,他杀死龙并用龙的血洗澡。荣格梦到他后自己一度很难理解为什么。他本人并不喜欢齐格弗里德的夸张和外倾的人格特点。

我们可以从完全不同的视角来看待这个梦。

从精神分析的角度,就会将梦中的人物看作客体和个人梦者之间关系的驱动和无意识的愿望目标之间的相互作用。因此,这一角度会从具体的客体与梦者的关系入手,来确定梦中意象的意义,也就是从梦者如何看待这个客体来确定无意识的需要,这是弗洛伊德精神分析的梦的解释的具体方法。

从这个角度看,荣格在做梦之前,陷入与弗洛伊德的分裂当中。他说:"当我离开弗洛伊德的时候,我知道我是陷入未知的。除了弗洛伊德的道路,我一无所知,我踏入了黑暗。"在之前,他曾公开承认,他是弗洛伊德的继承人。做关于齐格弗里德的梦可以看作毁掉了父子之间的关系。背叛的感觉让荣格感觉非常压抑。在梦中,他表现为谋杀英雄的人。后来梦中降落的雨水可以洗刷掉他的谋杀痕迹,让他感觉到轻松,无意识通过杀掉英雄而释放出来。打破对自己是弗洛伊德继承人的认同,他需要付出的代价就是杀掉齐格弗里德的意象,也就是牺牲掉自己的一部分。这种因果还原的分析方法是精神分析和心理分析的共同部分。

但是,其中的困惑在于,齐格弗里德并不是荣格欣赏的英雄,也就是说,齐格弗里德并不存在于荣格的自我意识中,甚至他的外倾和夸张还是荣格不喜欢的特质。杀死他看起来并不是杀死荣格旧的自我。但是,杀死齐格弗里德竟然让荣格打开了无意识大门。

打开荣格无意识大门的并不是杀死了父亲的意象,或者和精神上的父亲弗洛伊德决裂。齐格弗里德与荣格的自我并无一定的联系,而是这个事情的"副产品"——强烈的罪恶感。虽然齐格弗里德并不是荣格所喜欢的康德之类的英雄,但是他是所有大众意识中高高在上的英雄,杀死他后来自大众的谴责下的罪恶感打开了荣格无意识的大门。

也就是说,打开荣格无意识大门的并不是旧的自我被杀死,而是强烈的罪恶感。罪恶感唤醒了荣格沉睡的灵魂,与此同时,其附着在灵魂表面的自我,像剥壳一样被层层剥离下来。

此后,荣格放弃因果还原的解释方式,转变为用意象来表达,开始了他在无意识的世界里探索的旅程。他常常感觉到内心的画面会自发地呈现,无意识开始自己慢慢涌现出来,对他进行召唤。

于是,荣格除了工作,就是静静等待内心画面的出现。他想起小时候玩石头的游戏。虽然他也觉得有些难为情,但是也只能重新开始玩游戏。①

刚开始无意识的表达并不是很多,偶尔出现,偶尔消失。到了1913年秋天,荣格感觉到"川流不息的各种幻象蜂拥而至;他看见了一场大洪水把北海和阿尔卑斯山之间的北部和地势低洼的所有土地都淹没了;经常感到巨大的石块正兜头滚滚向自己飞来,雷鸣闪电接踵而至"。② 荣格认为想要不被这些东西吞噬,就要找到情感后面的特定意象。

由此,荣格创造出一种积极想象的治疗方法。在限定的时间内,不加意识的干扰,顺应无意识的节奏和方式,让其自由地呈现。他每天设定一段时间开展这个疗法,到了一定程度后,情结背后的情绪会凝结成意象,意象渐渐增加,如智慧老人、精神导师、阿尼玛等。他们涌现出来,慢慢地获得了生命,挤满了整个院子。

原来对无意识的关注让意象有了形象,只有这样情绪才能通过意象再次表达,把扣押在情绪那里的能量重新归还给意识。荣格表示:"如果分裂的倾向并不是植根于人类的心灵,那就永远也不会有分崩离析的事情发生,换句话说,精灵也好,神祇也好,都将不会存在。"③他开创了以意象为分析内容的与无意识交流的心理分析方法。

在这之后,荣格开始画曼荼罗。无意识的原初物质的混沌状态,通过曼荼罗的方式展现出来,逐渐找到了其秩序。荣格用曼荼罗找到了安顿无意识和自性秩序的方式。

---

① 荣格.回忆·梦·思考——荣格自传[M].刘国彬,杨德友,译.沈阳:辽宁人民出版社,1988:125—126.
② 荣格.回忆·梦·思考——荣格自传[M].刘国彬,杨德友,译.沈阳:辽宁人民出版社,1988:210—211.
③ 卫礼贤,荣格.金华养生秘旨与分析心理学[M].通山,译.北京:东方出版社,1993:88—89.

与此同时，荣格打开卫礼贤翻译的《太乙金华密旨》，发现了道家经典中与他自己画的画结构极其相似的曼荼罗。此时的荣格立刻感觉豁然开朗，十几年孤独探索黑暗的无意识世界一下子被照亮了。尽管荣格通过阅读赫伯特·西尔柏1917年出版的《神秘主义和它的象征意义》(*Mysticism and its Symbolism*)一书，已与意象有了第一次接触，但他似乎对此没有印象，他每次翻看的时候总是在想，这是什么乱七八糟的东西。荣格自己有了无意识的体验之后，再看东方与意象相关的书，才发现其内容印证了他从无意识中隐隐得到的未知的东西。

第二节 荣格探索的心灵结构

荣格通过探索无意识的艰难历程，逐渐地走上自性化的道路，且在此过程中获得了很多宝贵的发现，包括心灵结构中的意识、无意识、自性、"同时性"现象以及探索无意识的方法——积极想象。

一、意识

我们通常说的"我"和"我感觉到"的我，都是指的自我，自我的中心是意识。意识可以用来辨别和认识事物，只有将事物区别开来，才能加以认识。意识可以区分不同的颜色、不同的形状、要和不要、自己和别人、我的和别人的。只有知道这些，才能获得人生存的基本资源，才有能力满足自己的需要。

在探索无意识的过程中，强大的意识就像明灯照亮黑暗，利用它才可能成功地完成心灵的探索阶段。探索无意识的过程，也是不断意识化的过程。此时，再次发展起来的意识，不再只是停留在自我和认知的层面，而是未知领域的原型幻想（如英雄幻想、权威幻想、公主幻想、自恋幻想等）逐个破灭之后的意识。

意识总是作为心灵的结构之一存在,通过适当的途径,意识就可能会在不同的水平上转化。

二、个体无意识

个体无意识里的内容,都是与个人意识相对的内容,或者没有及时处理、被压抑的内容,或者成长过程中被遗忘在记忆角落的内容。

这些经验里,有些如同我们最爱吃的食物、闻着熟悉的气味、小时候听过的声音,在很长的时间里我们的感官没有儿时那样真切。一旦激发这些无意识的内容,它们会很容易到达意识层面。失去的感觉,如嗅觉、触觉、味觉等很明显地得到恢复。

一般而言,较之自我意识,个人无意识的力量要小得多,不对主体的意识造成影响。特殊情况下,个人无意识内容过载时,则可能会导致分裂。与个人无意识相连的是各种围绕创伤凝聚的情结,当个人无意识被激发时,无法用意识的逻辑表达的内容,通常就会通过意象的方式或者艺术的方式表达。

三、集体无意识

集体无意识是相对于个体无意识来说的,是所有人共同生长的同一层土壤。它并不像个人无意识一样是从个人曾经的经历沉淀下来的,而是从远古一直保留下来的原型,并不像情结一样会消散掉。它只能被意识照亮,但依旧会存在。

集体无意识包含人类的本能和直觉,它们的存在如同一对双胞胎。人们一直在发挥它们的作用,人类的祖先就是凭借本能来生活的,并且依靠直觉寻找事物和保护自己。事实上,荣格所说的原型,就直接与本能相关,是生存的本能基础上发展起来的必不可少的需要。

原始人全然是生活在集体无意识里,依靠本能和直觉获得生活所需。也正是因为如此,集体无意识可以解决意识解决不了的问题,提供给人类创造力和生命力。现代社会中人们充满理性,动物的本能被压抑在阴影里,被彻底忽视,同时也丧失了生命力,包括性欲、创造力、安全感、对美的感受和探索未知的勇气。

对于某些敏感的人来说,感觉是互相连接的。比如,一个人给他的印象是一个形状,其听到不同的音乐时舌头有不同的味觉,闻到某一味道脑海里有画面出现。这是由于集体无意识的能量跨越不同的感觉器官表达出来,故集体无意识也是创造力和生命力的源泉。无意识系统很难寻得,可是感觉却有迹可循。

集体无意识一旦被激发,就会不断地以图像的形式出现,并伴有各种感官的感觉。例如,在梦的画面中会尝到味道,明明白白地听到声音,身体有触觉。这种无意识有时候还会以音乐的形式出现。

四、自性

一旦外在因素与人们的集体无意识连接呼应,就会立刻带来无意识能量的消融,就像千百年的冰山即刻开始融化。集体无意识中的原型和个人无意识中的情结不同。情结可以消失,而原型会一直存在。因为意识的太阳没有照到原型无意识时,混沌的物质填塞了周围的心灵空间,也就是充满了对对立面的幻想和主观判断。一旦意识和集体无意识无可避免地相遇时,混沌的物质就会消散不见,空隙的位置和外在的空间也都变成空的状态。在此过程中会出现与性欲相关的对美的感知力、创造力和生命力的恢复,但是这并不是心理分析的最终目的。

真正有价值的是自性的显现。意识和原型都包含在其中,心灵的整体性到此才得以真正地实现。这也就是所谓的"接纳""包容",不是避而不见,而是真的看见。它可以带来心灵的平静和喜悦。

第三节　积极想象分析方法的创立

积极想象与自由联想不同。在呈现出的画面中,积极想象赋予了每个人物灵魂,让他们各自发声。积极想象是在分析师意识的保护下进行的,这是一种意识与无意识沟通的有效方式。

1913年,在与弗洛伊德分裂之后,荣格开始独自寻找无意识的历程。如何与无意识更深入地沟通,单纯的自由联想似乎还不够。把话语权交给意象中的人物,荣格用"积极想象"来表示自己创立的独特方法。"当我们全神贯注于头脑中的一幅图景时,它就会开始动起来,意象会更加丰富,还会变化和发展下去……小心地不去干扰事件的自然进程,我们的无意识就会产生一系列意象,完成一个完整的思维过程。"[1]

荣格认为,积极想象相对于梦的分析,可以有效地加快与无意识的连接和成熟的过程。

第四节　心理治疗过程中心理意象呈现与转化

荣格认为,心灵的转化有三个阶段:

第一个阶段是精神与身体的分离。

第二个阶段是精神与身体的结合。

第三个阶段是精神、灵魂、身体的结合。

第一个阶段是激发无意识,使身体与精神分离。无意识从与意识混合和隐藏一起的混沌状态中显露出来。"灵魂和精神与身体相分离,直到他们从所

---

[1] 尹立.精神分析与佛学的比较研究——基本思想之沟通及其应用[D].成都:四川大学,2002:35.

有'黏液'中释放出来重复净化,也就是说,从所有不再包括'精神'的液体中释放"。① 在化学过程中,其也表现为不断分离和提纯的过程。提炼出来的精华,是可以滋养身体和灵魂的。这种物质并不来源于外在,而是来源于每个人自身。然而,虽然它无处不在,却没有人发现。因为我们没有办法直接靠自己获得,只能投射到别人身上,再期待从别人那里获得。期待和自己心里的需要或许能刚好符合,在符合的某个时刻,我们会感觉到兴奋、清醒,像被一盏明灯点亮,而在大多数没有符合的时刻,我们便会失望、沮丧、悲伤、怨恨等。

在心理治疗开始之前和整个过程中,治疗师们对可以获得期待的结果深信不疑。心灵转化的过程中"精华"不断析出,逐渐满足精神的各个需要,与此同时,人们向外的投射便逐步收回。像套在人身上的层层枷锁被解开,人变得轻盈自在起来,同时会产生一种高贵感。

转化的第二个阶段,精神与身体开始初步地结合。此时,对立面开始整合,偏执于一端的情况,转化成为另一端也显露出来。"一个人知道一些关于他自己矛盾的整体的东西,使他成为一个真实的人。"②仔细想想,这个过程的原理并不复杂,却非常不简单。心理转化过程常常被比作母鸡在孵蛋时的状态。母鸡并不是一直坐在蛋上,但是即使它离开,还是在用耳朵听,鸡蛋也仍旧在孵化的过程中。医患双方需要足够的耐心,长时间的尝试与等待,有坚定不移的信心和勇气。这个过程表面上看是很缓慢的,但是在心灵的世界却在以成级数的速度变化。这里有一个来访者玫瑰的梦:

梦里,她走到一棵很高的树下,树干很高,只有树顶上有很少的叶子。这时,叶子飘落下来,仔细看,是很多飞快跳动的黑色小球,它们都长着嘴巴,互相吞噬。一个吃掉另一个,吃的那个在迅速地长大。吞噬的速度非常快,很快,一堆小球就减少为几个大球了。

---

① C. G. Jung. Mysterium Coniunctionis[M]. Bollingen: Bollingen Foundation, 1916: 11—12.
② C. G. Jung. Mysterium Coniunctionis[M]. Bollingen: Bollingen Foundation, 1916: 41—42.

在《哲学的漩涡》中，树与老人有一个显著的关系：

拿走这棵白色的树，在它周围建一个覆盖着露水的圆的暗房，在房子里放一个一百岁的人，并且让房子紧挨着他，让它变得稳固，这样就没有风或者尘土可以进去。然后让他在房子里待上一百八十天。我说这个老人不会停止去吃一部分树的果实，直到一百八十天的到来，然后老人就变成了一个年轻人。哦，多么令人惊奇的自然啊，它把老人的灵魂融入了一个年轻的身体，父亲变成了儿子。

精华的出现，以及与身体的融合，逐渐收回投射，都可以让我们不断地重新认识自己，看到比之前更完整的自己。

第三个阶段，身体与精神、灵魂相结合。"那是哲人奇妙的转化，身体转化成精神，后者又转化成身体。"[1]身体与精神、灵魂的紧密结合的状态如同水银。水银具有整体的性质，无论它的形态如何，性质都不会变化。它的最大特点是"总体性"，"因为它是没有分开的（或者是不可分割的）。它不能通过任何办法分成各个部分，因为或者它整个物质都能从火中逃出，或者它能够忍耐待在火里。因为这个原因，它必然是包含完美的因素的"[2]。

---

[1] C. G. Jung. Empathy Psychology[M]. Translated by MeiShengjie. Beijing：World Publishing Company in Beijing, 2014：481.

[2] C. G. Jung. Mysterium Coniunctionis[M]. Bollingen：Bollingen Foundation, 1916：233—234.

第二章 心理分析理论要素与治疗思想

第一节 心理分析理论要素

一、心理分析的象征：形成与理解

象征，是无意识中原型生动形象的表现。正是因为其立体性、含义的无限性、感受空间的延展性等特点，其在表征原型上，远远超过语言的描述。"象征的倾向是未知的目标。"[①]心理世界的语言被称为象征的语言，例如梦中出现的意象、心理分析过程中出现的意象等[②]，如果没有办法读懂，那他人是无法明白受访者的内心的。除非能够掌握解开奥秘的"魔法钥匙"，才能够看到它

---

① C. G. Jung. Mysterium Coniunctionis[M]. Bollingen: Bollingen Foundation, 1916: 198—199.
② Ping Z. Testament of Nicholas Flamel[M]. Beijing: China Peace Publishing House, 2004: 25—26.

放出光芒。

荣格说,化学研究工作,是通过无意识心理的混合投射。怎么样从混合物中提炼出纯粹心灵的物质,正是收回投射和自我的成形和转化的过程。

象征符号如此模糊以至于不能有任何精确的意义,必定被认为是像诗歌一样具有含义的无穷尽性,也就是说在不同时空之下读者感受到的含义不同。

从人类历史开始,想要无意识突破意识的束缚,另辟蹊径表现出来,通常是通过某些艺术形式(如舞蹈、音乐、绘画、雕刻等)加以实现。在心灵世界里,无意识通常也会以画面的形式出现,例如梦中的场景、意象中出现的画面以及人们自发创作的各种艺术作品。

艺术家的灵感来源于激发心灵流露出来的心灵精微物质,这些物质积累到一定程度,便会以各种方式展现。擅长用诗歌表达的诗人,心中就会出现压抑不住要表达的诗句;画家止不住的冲动要在画纸上宣泄,用什么色彩,画什么线条,都是那么自然;法国作家福楼拜写到包法利夫人死了,悲痛不已;大仲马在写《三个火枪手》的时候,为了其中一个火枪手不得不死的命运而悲伤。"艺术作品的伟大唯一在于它们能够让意识掩盖的东西被人们听见的力量。"[1]

自性的出现,总是伴随着自我的防御。随着意识自我和无意识自我不得不会面,自我一次又一次经历黑化"死亡",坚不可摧的意识一次次地如幻象般破灭,本来面目逐渐显现。

与之相伴的是意识领域的不断扩大,进而发现以前意识的盲区。将新的意识纳入意识领域中来。它们不是简单的加和,整理妥协,或者不同的方面。原来认同的对立的两面都不是我们。我们既不是英雄,也不是奴隶。"基本上

---

[1] Stanton Marlan. Fire in the Stone[M]. Canada:Coach House,1997:20.

是通过被剥夺对神和我们自己的幻想和错觉的经历,遭遇神。"[①]每一次腐败消融的时刻,不腐败的东西就是原初物质的精华,就是人们一直寻找的自性。

二、心理分析的向导:直觉和本能

心理分析是一个复杂而艰辛的过程,一个人如何才能成为自己,完成从自我到自性的旅程,这中间有无数的凶险,如何才能到达彼岸,意识和无意识的整合如何才能不断地深入,这也要我们不停地探索。

自性,是最核心的原型,也可以说是启动生命能量的最深的需要。它会不断地以各种形式出现在生活中,就像漩涡的中心,以巨大的能量把所有的生命资源都往中心点拉。

不断出现的线索,无论在梦境中、意象中、还是物质世界中,都会将矛头不断地逼近一个类似中心点的位置,这个位置就是驱动我们生命能量的源头。它的表现为,如果这种需要被启动了,会驱使和帮助人们不断地看到自己,从看似无关联的事情中获得意义。

如何获得线索,除了天赋之外,还需要后天的训练。

在《猫狗马》中,芭芭拉的自行车被爸爸的马踏坏了,可是爸爸拒绝修理。芭芭拉母亲的一位朋友建议芭芭拉从购买食品杂货的钱中扣下一部分,直到攒够自行车修理费为止。芭芭拉觉得这不够诚实,可是荣格却很乐意结识这位女性,因为她是懂得爱的女人。

芭芭拉做了一个梦:"我骑着一匹马,然后掉进了一条深沟。托尼和彼特各抓住了我的一条腿,我意识到,除非我叫荣格,否则就出不来了。"[②]在面对本能的时候,芭芭拉只相信荣格能够帮助她。

[①] James Hillman. The Soul Code[M]. Translated by Zhu Song. Beijing: The Commercial Press, 1997:79.
[②] [英]芭芭拉·汉娜. 猫狗马[M]. 北京:东方出版社,1998:30.

荣格说，在原始意义上说，返归自然纯粹是一种倒退，但是通过心理的开发达到这一点则完全是另一回事……我们的动物复归自然的话，无论如何不能丧失来之不易的意识。

此时已经拥有的意识，并不是从本能自然生发出来的意识化结果，而只是习得的社会意识。也就是说，本能和意识不是从一个地方自然生长出来的，而是先天分离的。这就像只使用一个器具最外层的功能和能量，比如一个可以见到底的水罐，用一用水就干了。长在肤浅意识上的花朵，总是很容易凋零。

芭芭拉举例说，荣格让自己认识的非洲男孩送信，但是信怎么也送不出去。只有在酋长跟他一番长谈说明信使的重要性之后，男孩才一口气跑了20里地后成功将信送达。我相信酋长的这一番谈话，是为了将这个意识的事件和男孩的本能连接起来，如此来激发他本能的欲望和能量。梳理事物的起因、原理、价值、意义，思想工作才能做到位。如果只是简单的指令、命令，往往达不到真正的目的。从感受、体验、经历中获得，而非从外在标准获得的意识，才真正是有根之木。

简单说来，就是要调节本能和意识之间的冲突。在很大的范围之内，两者是相互对立并且互相压制的，如果其中一个占据过大的能量，另外一个就会丧失大部分能量。

要听从本能的指引，自然会带来恐惧。在意识看来，本能带着恐惧和罪恶。因此要明白本能的特质，而不是盲目地对其做意识的判断。

芭芭拉引用荣格在《轮幻觉》里的说法，"人最初的无意识原始状态是某种含金的掩饰，要是经历化学——心理的处理，这块石头就能炼出金来"。[①] 这个比拟非常形象地描绘出了本能的意识化过程，这个过程伴随着个体一步步地独立，一步步地意识化。意识就是无意识中的金子，但是过于分散，于是便变成看不见的了。意识的过程将很多包含在无意识里的金属析出，但是，由于

---

① [英]芭芭拉·汉娜. 猫狗马[M]. 东方出版社, 1998：54.

社会化意识过程很大程度不是完全从自己的无意识生长出来的，而是掺杂了很多其他因素，于是形成的便是含有杂质的贱金属，纯度不高。

那么，在这样一个背景下，如果想要获得纯度高的意识金子，就得将这个形成金属的过程重新来过。在这条道路上，本能和意识不再冲突，而是达到了前所未有的统一，本能是意识的土壤，意识是本能产生的金子。

人们从出生到长大的过程中，也会大致经历类似的阶段。幼儿时期，无意识的本能帮助我们寻找食物、躲避危险、趋向快乐。但是任意妄为的行为，必然会受到社会共同规则的阻拦，被各种障碍碰伤。这个时候，孩子们就面临意识控制自己行为的学习阶段。很多人都能回忆起这种经历，身边环境突然发生转变，自己好像一下子长大了不少，好像变懂事了，也能很好地适应人群相处的规则，融入社会，可是丧失了很多快乐，也远离了灵魂。

芭芭拉提到原型和本能之间的不同。她说过，苏格拉底听到他的守护神的声音，原型是领悟内在意义的一种气质，能够听到本能的声音，而不是盲目地为之驱使。

她引用了荣格的定义："本能是作用与反作用的典型方式，而每当它是一种均匀的且定期重复的作用时，我们见到的就是本能。它几乎完全不理睬与意识的触动是否有联系。"[①] 每当我们碰见均匀且定期重复出现的理解方式时，它们就是原型。

区分本能和原型，能够帮助人们不再盲目地陷入本能，不再成为一个纯粹动物。我们妄图控制本能，到头来却往往被其控制。我们这才认识到，我们只能尊重本能，听到它的呼唤。但我们不是完全屈服于本能，也可以和它平等地对话，但是绝对不能够忽视它，自以为是地替它做决定。

本能中透露出来的亮光，围绕在自我情结周围，它是带领我们回到本能原

---

① [英]芭芭拉·汉娜. 猫狗马[M]. 北京：东方出版社，1998：59.

点的点点火光。帕拉塞尔苏斯将之称为"自然之光"。① 他将幽暗的灵魂比作内心的天空，而将各种原型比作天空中点点繁星。

化学物质之间可以通过一种和另一种的化合产生完全不同的第三种物质。这种结合的过程没有任何章法可循。而对人而言，释放精神的过程和精神与物质的结合过程，都是在极其自由放松的情况下进行的，人内在的感受会非常地敏感。没有了"超我"的束缚，此时本能和直觉的"声音"逐渐被听到。将其模拟于画画非常形象——此刻是要画弧线还是直线，要往哪个方向运笔，是轻是重，想要用什么颜色，都是心中当下出现的某种难以用语言描绘的感受，需要用某种方式来表达，可能会不停地尝试，直到眼前的图画和内心的感受一致，方可停止。在做这些的时候，就像描述自己的感受时，并不需要知道为什么是这个，这个是什么意思，从哪里到了这，它们之间有什么联系。它就是直觉和本能带领我们到达的地方，不论在哪里，也没有什么看得到的逻辑关系，可是心灵本来的状态就是非逻辑的。不论是画画的选择，还是心灵的选择，都来自一个地方，就是自性的选择。每个人都只有知道自己精神上的需要，在自由和安全的环境中，直觉和本能便是自性的使者，指向非逻辑但是却从未有过的真实的地方。需要的物质如黏液般，自然地充盈到精神中来，补充其缺憾，修复其创伤。

三、心理分析的原初物质：投射与收回

心灵的原初物质是心理分析的基本材料，而在心理分析中，这个原初物质并不在我们本身，而在我们的周围，我们不自觉地将其投射出去，因此收回投射是心理的基础工作，也是自性化的起点。

"原初的无意识，即是世界存在物没有分化的状态，哲学水银，是我们今日

---

① ［英］芭芭拉·汉娜. 猫狗马［M］. 北京：东方出版社，1998：23.

称之为集体无意识的人格化说法。"[1]

原初物质,就是自我没有完全形成时候的状态,也就是孩子般的原人状态。欲望、品德,都是自然裸露的,没有人为多重的扭曲和掩饰。

童年时期,孩子会有很多的幻想和想象。成年人可以接受模糊的、游离于其中的、模棱两可的、辩证的思维世界。这对成年人来说是可以把握的,甚至是愉快的。可是孩子需要的是确定的、安全的、稳定的、直接的方式。正是因为孩子状态的确定感没有得到满足,其长大后的成年心灵还处于到处寻求安定和肯定的状态,不能够忍受模糊的中间状态。

回复到原初物质,回到孩童心灵的状态,孩子一样的一元的简单情感。一个时刻只有一件事情是真实的,而且并不具有意识的意义,只是在表达此刻的情感。希望被人听到、被看到,但是对方不会因为他们说的和做的而被卷入其中。

随着不断地认识自己的心灵世界,超越功能逐步产生效果。女性的意识拓展到女性意识之外,除了拥有女性气质之外,还被注入了男性气质。

意识的内容可以清晰地展现出来,可以直接表达。而无意识的内容像一张错综复杂的网,互相交织糅合在一起,复杂到无法分离。同样一种东西,从哪个角度来说都似乎可以说得通,从哪个层面看都有理,但又感觉下面无穷无尽。

"曼荼罗的象征中,所有的原型归于一点,类似于所有意识集中在自我。"[2]而集中于一点是心灵状态的自然体现,是自发完成的。

那么,我们此时自然会生出疑问来,曼荼罗难道不仅仅反映了意识的形态?就荣格的心灵结构理论来看,人的心灵无意识所占据的内容要比呈现出来的意识更多、更久远、更无法把握。荣格提到,"这个人们也能够叫意识的利

---

[1] C. G. Jung. Mysterium Coniunctionis[M]. Bollingen: Bollingen Foundation,1916:77.
[2] C. G. Jung. Mysterium Coniunctionis[M]. Bollingen: Bollingen Foundation,1916:89.

己主义是一个反映或者模仿'无意识的自我中心'"。[1]

（一）投射出去的原初物质

投射经常是以移情的方式展开的。移情，看起来很简单，事实上却是极其复杂的。多少抱着满腔热情和拯救之心投入心理学的人，对于"移情"或者"移情的疗愈效果"似乎有满满的自信。就如同大众对于心理学的理解——对人们怀有善意、同情和坚持陪伴的决心就是心理学。正如荣格所说："人们往往表现得好像可以通过理智、知识和意愿来解决这一问题……无论面对面消极与否，甚至存在与否，移情通常起不到什么作用，比如当自卑情结伴随某种补偿自尊需求到来时。"[2]如果移情并不只是满怀同情和善意这么简单，就像是在地上挖开了一个坑，马上就会有泥水灌入，找不到问题解决的道路。

移情疗愈效果取得的关键在于，移情的对象是否也正好移情，如果双方都是以自我的需要为推动力，那么移情就无法转化为治愈的力量，而成了人际关系中的又一次纠葛。

"移情"和它的共生体"投射"，事实上都来源于人们对各种基本关系的本能需要——对父亲母亲的需要，对兄弟姐妹的需要——随着年龄长大再扩散出去。它们无时无刻不在起作用，既是驱使我们做各种事情的原动力，也是我们找到个体自性化道路的线索。

本能需要本身就是极其复杂且相互交错的，要想分清楚满足的是哪种投射，它们各自有自己的轨道，但同时你中有我，我中有你，无法分辨。每一个时刻都在变化。当人跟人面对的时候，是很难分辨清楚的。

"移情的内容源于对父母或者其他家庭成员的投射，这些内容要么都与情

---

[1] C. G. Jung. Mysterium Coniunctionis[M]. Bollingen: Bollingen Foundation, 1916:99.
[2] C. G. Jung. Empathy Psychology[M]. Translated by MeiShengjie. Beijing: World Publishing Company in Beijing, 2014:22.

欲相关,要么其本质上就是实实在在的性。"[①]无论是在象征艺术作品中,还是个人的梦境、意象里,但凡呈现得令人恐惧、冲突、不可思议、意识无法接受、难以理解,甚至觉得不同程度地恶心抗拒,不愿面对等,便是对立冲突所在,也是真正化合可能发生的地方。

同时,因为对立冲突的程度不同,有些强度是现阶段人的意识无法承受的。对于这一点,分析师不能莽撞冒进,张力过大会使意识化不但不能进行,反而萎缩或者崩溃。

没有什么象征可以整合所有这些对立冲突,就像人们无法在意识范围内解决自己的各种冲突一样。意象中的一个形象,整合了所有这些需要。所有感受上的冲突,在这一点上都变得合理而融洽。而在这一点上,如果肯定一边而否定另一边,都会带来存在感的一半缺失,存在的本能动力也将另一面推到前面,冲突也就无法避免,只是显露出来的时间点各不相同而已。停留在肯定和否定的状态,只能承受冲突的煎熬却无法整合,导致这个阶段反复出现。

在分析关系中,来访者自由放松地表达固然很关键,分析师营造的安全温暖的环境是必不可少的。一方面,没有这种环境会导致无意识无法激发,让受访者畅通表达更是难上加难。另一方面,即使无意识有足够的胆量伸出头来,外在环境受到不确定因素的打击和破坏时,它便立刻会"胎死腹中"。"整个具有意识的人向自性投降,向人格新的中心投降,它代替了之前的自我。"[②]

(二)原初物质回收到分析关系中

原初物质的回收,可以表现在生活中对移情的辨别和回收,强烈的移情会在分析关系中产生,只有在分析室内的移情被允许、被辨识、被回收,来访者才可以将这种领悟迁移到生活之中。

---

① C. G. Jung. Empathy Psychology[M]. Translated by MeiShengjie. Beijing: World Publishing Company in Beijing,2014:67.

② C. G. Jung. Mysterium Coniunctionis[M]. Bollingen: Bollingen Foundation,1916:76.

心理分析的异常珍贵之处,是承认意识之外有无意识的存在以及其巨大的力量。心理分析企图以逻辑推演内心世界,默认的前提条件就是心灵是符合逻辑规律的。但是,事实上无意识从不遵守逻辑和规则,也没有是非对错的标准。意图用逻辑和规则预测心灵,如同再一次否定无意识的存在,无视心理学中很重要的一部分。

面对一团黑色的原初物质,分析师是应该高兴的——这是伟大的原初物质。

这个原初物质会在分析的过程中一直变化。一开始,无意识的力量巨大到难以想象,很多时候会以怪兽、魔鬼的形式在意象中出现,人的恐惧如同从地狱中爬过一遍般难以形容。值得期待的是,终有一天,无意识在意识强大的掌握之下,会变成温顺的小绵羊。其外在的实体表象也会不断变化。

荣格提到阿尼玛(Anima,指每个男人心中都有的女人形象)发展的四个阶段:第一阶段,夏娃,纯本能阶段;第二阶段,海伦,浪漫与美为主题的性爱;第三阶段,圣母玛利亚,宗教奉献的高度;第四阶段,智慧女神索菲亚。与之相应的,阿尼姆斯(Animus,指每个女人心中都有的男人形象)也同样有四个阶段。

在长期分析的过程中,人的自我意识不断增强,且能逐渐澄清其和无意识的关系,"灵魂人物"阿尼玛或者阿尼姆斯逐渐失去身上笼罩的各种光环,投射不断收回。"投射出去,会造成对人和事物各种各样的幻觉,从而导致数不清的并发症。"[1]如果投射没有收回,个体总会被无意识掌控,产生各种幻想。而且,这个循环一旦形成,很难破解。

意识和无意识相遇的过程中,灵魂人物的投射减退,当事人也会恍然大悟,觉得这么久的时间里错过了很多当下的真实感。女性的阿尼玛糅合在灵

---

[1] C. G. Jung. Empathy Psychology[M]. Translated by MeiShengjie. Beijing: World Publishing Company in Beijing, 2014:65.

魂的阿尼姆斯和客观的女性意识之间,担当了柔软的调和物。此时女性有强大的自我,完整,不缺乏,有爱和力量。

心灵原初物质显现的过程,就是让所有的无形投射显形的过程。毫无保留、酣畅淋漓的投射,便是真正收回投射的契机。

无意识的矛盾性调和的象征就是婚礼。"肉欲(concupiscentia)意义上的爱是最行之有效的显示无意识的动力。"①

除了对立物之外,心理分析中另一个奥秘就是圆点,也就是原初物质。光同样也是原型的,因此被命名为"太阳点"。圆点一方面是世界的中心,然而它"不仅仅是黏合剂,同样也是所有可破坏事物的毁灭者"。

"任何决定无意识状态特征的尝试都会遭遇与原子物理学一样的困境,恰恰是观察的行动本身改变了被观察的客体。因此,目前没有客观的方法可以确定无意识的真实状态。"②也就是说,无意识中原点的状态,一旦开始观察,就分化成了对立的两边。

在理性的世界中,对立面无法被调和,总会有一面要在选择中被抛弃,然而它并没有从此消失,而是成为一股被压抑的力量,时不时在生活的间隙冒出头来。在意义的道路上,很多与这条主线看似无关的事情就被放弃了。为了避免冲突,我们常常对此视而不见。

对立冲突不是很剧烈的人,反应会相对平滑一些,在生活日常显露出来的症状也相对比较少和柔和;对立冲突比较大的人,有可能是因为爱恨非常鲜明,也可能是因为生活中过度地要求"意义",去除感觉上远离意义主轴的事情,没有地方可以存放中间模糊的物质。"'溶剂'仅仅属于非理性的性质……做某些事情来表达两面,就像一个可见的瀑布在上面和下面斡旋。"③

---

① C. G. Jung. Mysterium Coniunctionis[M]. Bollingen: Bollingen Foundation, 1916:56.
② C. G. Jung. Mysterium Coniunctionis[M]. Bollingen: Bollingen Foundation, 1916:90.
③ C. G. Jung. Mysterium Coniunctionis[M]. Bollingen: Bollingen Foundation, 1916:46.

自我总是急于想要一个结论、评价、态度，像是在大海上抓住一块浮木，不用面对心理无法解决的冲突带来的张力。张力的背后，隐藏的是另一种选择带来的臆想中严重的后果。或许是父母的厌恶、抛弃、难过、训斥，等等。不论是什么态度，都是难受的感觉。为了这个外在的"标准"，自我总是会有取舍。世界一分为二，分为能做的一边和不能做的一边。不论是什么标准，也不论是在哪一边，自我都会人为地舍弃掉另一边。不平衡也就从此产生。幻想和梦境，以及无意识做的事情，往往就是用来调和张力。但是，因为这个调和只是隐隐地提示，而没有被意识注意到，最终只有用痛苦的方式来作为补偿。一直都不愿面对的东西，用不得不面对的剧烈程度展示出来，给人巨大的打击。原来坚不可摧的意识现在看来一直是自我欺骗的借口，深信不疑的那个自己，原来不是那个样子。人格结构开始变得复杂。

人生中很多重大的转折和打击，都可能会带来这种自我意识的瓦解和重建，人才能变得越来越成熟，就像金子在地下经年累月，千年万年，慢慢打磨和历练，最终拥有了宝贵的精神自我。心理分析是用人为的方式将造物的过程浓缩在一个分析的过程中，从无到有创造全新的生命。所以说，心理分析并不是凭空制造精神自我，而是将需要很长的成熟时间缩短。人生中遇到的打击，在分析中会被集中激发和暴露出发。分析师的陪伴，使来访者在有意识的保护和观照下让阴影显露出来。对阴影的认识，从根本上颠覆了意识对自我的认识，而心理分析需要的能量常常汇聚于此，"正面美德的存在暗示了它战胜了它的对立面——相应的缺点。没有缺点配对，美德就会无力、无效、不真实"。[1] 与恐惧面对过的勇敢，才是真正的勇敢；与凶残较量过的仁慈，才是真正的仁慈。否则，美德只是高高在上的空架子。

在处理阴影的时候，道德的标准开始变得脆弱，我们要面对与自己的意识标准相对的另一面，坚守一个准则自然是做不到的，在一定范围内会失效，原

---

[1] C. G. Jung. Mysterium Coniunctionis[M]. Bollingen: Bollingen Foundation, 1916: 34.

来不允许的事情也变得允许。

　　心理分析最美妙的地方之一，就是不断地加深对自己的认识，在不断面对冲突的过程中，越来越能容纳对立和各种截然不同的物质同时存在于自我结构之中，这不亚于一个创造奇迹的经历。古希腊有一句著名的谚语，"认识你自己"，将其应用到心理分析领域，可以指无意识无法被直接认识，投射到外在世界里无穷尽，自性在这个过程中被无限扭曲，四散出去，可以在最骄傲和最不齿的地方找到它。"他获得了这门艺术，他能够显露隐藏的，隐藏显露的。"[1]自我认知从投射和幻象中释放出来，回到了与本性相对应的位置。

　　只有最真实的状态才能够产出复杂、多样、完美的心灵物质。"没有比太阳和它的阴影月亮更加有价值和纯粹的物质，没有它们，就没法产出染色的水银。"[2]

　　事实是，只有在受到保护和稳定的状态中，真实的状态才能慢慢显露出来，到了一定程度后凝结为具象。"作为一个自然的成分，它不能抵御火，只能够通过秘密的艺术来达到这个……当艺术让它可以抵抗火烧时，超越功能在其中开始显示出来。"[3]

　　投射撤回的过程，必然伴随自我认知的重新塑造，同时也是对现实认识的澄清。长期以来的认知突然改变，在感受上的确会让人震惊。认识自我的同时，人们对周围世界的认识也会同时改变，而随着对周围世界的认识改变，自我认识也会发生变化。对世界的认识扭曲和对自己的认识扭曲是同根同源的。自我认识的摧毁和重建，是"比黑色更黑的黑"。

　　我们在面对恐怖的黑暗时，常常会呈现出与之前意识相对的另一面，比如极端的残忍、自私、奸诈、狡猾、贪婪、冷酷、斤斤计较，其程度之深难以想象。

---

[1]　C. G. Jung. Mysterium Coniunctionis[M]. Bollingen：Bollingen Foundation，1916：92.
[2]　C. G. Jung. Mysterium Coniunctionis[M]. Bollingen：Bollingen Foundation，1916：96.
[3]　C. G. Jung. Mysterium Coniunctionis[M]. Bollingen：Bollingen Foundation，1916：102.

想要将无意识里的这些"黑暗"分离出来，首先必须照亮它们，认识到它们也是我们的一部分——它们只不过是利用各种表面上堂而皇之的方式掩盖住了自己，以人们无法识别的方式表现出来。尽管如此，我们却连自己都不认同它们的存在。心灵因为被否定而禁锢起来。就像两个同胞姐妹，一个被允许在外面，一个被关押禁锢起来。但是因为她们是不可分离的整体，一个人想要离开，另一个人就会将其拉回来。想要她们可以同时获得自由，必须真的认识到否定的那一面也真真切切是自己的一部分，虽然它隐藏得不为人知，却也是那么赤裸裸的存在。释放了否定的那一面，照亮隐藏的黑暗面的恐惧，以及禁锢它的监狱的倒塌和腐败，以达到她们真正的结合，让灵魂获得自由，再重新给身体注入生命力。

  在心理分析的初期，心灵的原初物质会有防御，就像刚刚伸出来的头，会很容易缩回去。这是因为虽然心灵受到激发，但是周围的环境和关系并没有发生改变，"从投射中收回得到的觉悟，不能抵挡住其与真实的冲突"。[①] 正如乌云中的明月，偶尔在风吹开乌云的时候，明亮的月光透漏出来，但是很快，又被堆积起来的乌云遮住了。面对这种情况，分析师需要非常有耐心，不放弃地继续守在旁边，等待它再一次出现。或许它会不停地重复这个过程。看起来是不断地重复，实际上每一次的出现，都是不断出现的墨丘利的力量在逐渐增强。[②] 而反复的"失败"，看似没有什么差别，但是暗地里就已经大不相同了。每次体会无助、无力、挫败，如果没有意识的保护和支持，加之周围环境中充满了评判和对立，软弱和无助无处收容，人们确实会一再地躲避、萎缩、隐藏起来

---

 ① C. G. Jung. Mysterium Coniunctionis[M]. Bollingen: Bollingen Foundation, 1916:60.
 ② 在精神分析中，墨丘利（Mercury）指的是一种心理现象和精神象征。这一概念最早由荣格在其著作《精灵墨丘利》中提出并详细阐述。荣格将墨丘利视为一种灵魂与心灵的象征，包含了灵魂的双重性意象：一方面是上帝赋予人的不朽的理性灵魂（anima rationalis），另一方面是与灵感和圣灵相关的生命灵魂（anima mundi）。荣格认为，墨丘利集众多原型意象于一身，如水银、北极之心、精灵与灵魂等，体现了对立整合、心物双重、救赎与引灵等特性。在荣格的思想体系中，墨丘利不仅是一种心理现象的象征，还代表了精神启示的两大来源的心理学基础。通过将墨丘利的相关神话传说翻译成当代心理学的语言，荣格揭示了其本质——自性化原则，即一种完善的人格整合。

避免被伤害。也就是说，如果没有一个安全和温暖的环境，一个人是不敢像小孩那样袒露出自己的内心来的。累积的无力和恐惧感会把他压垮，流散出来的无意识却无人捡拾，犹如肚里内脏流出却不能保护，又如自己的珍宝散落出来被人践踏。这种比喻足以让人感觉到无意识的珍贵与敏感。稍稍感觉环境不安全、不被接纳，或者没有足够的力量自我保护，或者容纳它的容器可能泄露，无意识便会立即逃跑，或者换成一副最具攻击性的面孔来自我防御。但是不论怎么样，让它再次袒露出来却是更难了。

如果环境是足够安全的，我们每一次体会无助、无力、软弱的时候，都是再一次地体会，一方面受到意识的支持，不会在对这种状态做出评判和否定，另一方面不断将它安放在一个密封的无意识容器中，不会流散，更不会被人随意丢弃。与此同时，压抑在无意识中的被否定的那一面逐渐显露，越来越清晰，其中的是非纠葛随着情绪的累积而逐渐浮现出来，时而剧烈，时而平缓，隐藏和矫饰的一面慢慢呈现。因此，即便此时无意识常常想退缩回去，也会在对盛放无意识的容器有更多的好感，而愿意越来越长时间驻留在这里。

无意识投射在外在的人和事上面，因此我们想要他们和我在一起，陪伴我们，表现为对外界人和事的执着。然而，他们并不是我们，想要重新拥有完整的精神自我，就必须与外在投射的客体相分离。

第二节　心理分析治疗思想

一、心理分析的核心方法：激发与火候

积极想象是荣格发明的分析方法，该方法被称为"方法中的方法"，是心理分析的核心方法。相较于自由联想、梦的解析，它能够更直接、更便捷地激发无意识，以达到意识对无意识的整合。积极想象就像是一种神奇的药剂，它能

使各种意象、声音、气味、情节,都好像是从心底被呼唤出来,这些东西身上带着原初物质纷纷登场,各种物质汇于一炉,各种无意识在意识的火炉中加工。

(一)积极想象的激发

荣格的积极想象和精神分析的主动想象,都是把话语权交给了心灵内在的声音,将其需要用声音表达出来,而声音正是连接精微体的媒介,不断地启动心灵的双胞胎伙伴,让精微体有了形体,有了样子,有了生命。在这种情况下,人的原型需要的理想载体会出现,心灵有了伴侣,就有了最需要的安全感。这时,人们会退回到孩子的样子,让最初那个受伤的孩子有了机会修复,内在的黑暗有了一抹温暖的阳光。最初的安全感可能是投射到分析师身上,但是慢慢地来访者内在凝结的灵魂精微体能够给他安全的陪伴。他会发现自己的想象和思考都在减少,荣格将此看作减少的思考,这是自性化过程的现象之一。

积极想象是体验和激发无意识最方便的方式之一。有太多的内容想要被忘记而残留在记忆深处的无意识里,有太多悬而未决的问题无法解决又没法消化,就丢弃在无意识深处。它们并没有消失不见,而是暗地里储藏大量的能量。如果按照意识的意愿,最好是切断丢弃,其实是丢弃了心灵自身。因此,让人不堪其扰的事情——恐惧、不自信、悔恨、内疚、依恋、被抛弃等,意识上将其看作疾病的症状,恨不得彻底将其消除,事实上却正因为有它们的存在才使得我们始终无法彻底断绝其与无意识千丝万缕的联系。至少还有一点点呼喊的声音,可以传达到意识的耳朵里来。换句话说,正因为有了各种困难和烦恼,才有可能使其与后面牵系的被否定和丢弃的无意识相连——与恶龙对视,才能够获得它看守的真正的财宝。多亏了还有烦恼,让我们有了能够重新把握全局的机会。

积极想象是在构造意识和无意识之间的相遇,而这个过程也是一个个体的原型得到满足的过程。集体原型和个体之间本来是相互依赖的、互相糅和在一起的,一旦两者分裂开,中间的裂缝就会出现超自然的力量来补充。也就是集体原型的需要如果无法与个体生活相结合,在实践中实现,那么个人就需要通过直觉、想象、艺术来作为替代补偿个体生活。

个体的原型需要在个体生活中无法得到满足,原型需要在生活中找不到合适的投射对象,那么个体生活也因为感觉到不安全而没有力量支持守护自己的世界,个人只能躲起来,依附在别人的世界里,以各种形象在与别人发生的联系中获得价值,或者在别人的世界里找存在的位置。

那么,如何让个体原型的需要得到满足呢? 让原型的需要不断地表达出来,慢慢就会启动能够满足个体原型需要的"精微体",其形象会不断地变化,以各种形态表现出来的意象就是其转化的形象。不论形态如何变化,其都是原初物质的转化,本质是不变的。

从积极想象工作中,提取和明确地表达这些声音的需要,包括需要被爱……被听到……被署名和被看到……这些声音一直被压抑在下面,"孩子,女人,祖先和死者,动物,虚弱的和受伤害的,反抗者和邪恶者,阴影判决和囚禁的"。[1] 让这些声音发出来,自我、阿尼玛、阿尼姆斯和其他声音相遇,经历冲突、协调、融合、净化、凝结的过程,在一次又一次融合中不断转化,找到各自表达的区域,既可以互不影响、和谐共存,又可以互相呼应、相互扶助。

当初丢弃和隐瞒这些的原因,确实是周围的环境、人和自己不允许。丢弃了这些声音的自我,同时也变得脆弱无力。想要重新获得完整强大的自我,需要找回丢失的,那就得面对曾经迫使其丢弃的同样环境。而带着此时破碎的自我,去面对曾经同样的环境,只有"比黑色更黑的黑"才能形容这般的恐惧了吧。多年来,无意识的表达被看作彻彻底底的异类受到压制,不被信任。于是,人们远离了心中的神圣,不能与之沟通。

因此,意识与无意识、自我与自性的互相表达和呼应,都是以前者的表达

---

[1] Stanton Marlan. Fire in the Stone[M]. Canada: Coach House, 1997:55.

作为基础的,不评价,毫不怀疑,充分相信对方,并以对方的响应作为下一个反应的起点。没有期待和引导,只需要静静地等待它发生,双方的信任和联系就会逐渐加深。

意识具有一定的强度标准,达到这个标准才会进入意识,否则会停留在无意识里面。意识具有指导性功能,生活中所有不符合意识标准的内容都会进入无意识;无意识的内容会在一定时机下进入意识。

无意识压抑的能量一直积蓄在那里,如果没有关注到它,它不会永远安分守己。其张力达到一定程度时,必定会以各种可能的方式爆发,比如口误、关键的时候做错事或者出现躯体化症状或者身体疾病。这就意味着只有被动被干扰和主动面对的两种态度。心理分析便带着我们用安全的方式面对和转化这股能量。

从症状追溯早年的经历,并不是心理分析的最终目的。发掘很多压抑的内容,是为了激发无意识的内容,突破原有的意识的框架,从原来意识领域里无论如何都解决不了的情结缠绕中解脱出来。

心灵认定的很多事实,在生活中无数次地重复,但可能并没有改变,反而越来越紧实。受害者始终是受害者,卑微的人一直卑微。在这些类似的情境里,当事人任由事情发生、发展、结束。他认定这是不可改变的,然后被动接受结果,却从未想到过,自己也可以在其中发挥主动的作用,参与进去。在积极想象的过程中,当事人也可以在关键时刻做出反应,或者提问,或者做出某些主动的行为,就像是在情境中自己不是一个被卷进去的角色,而是一个有主动能力的参与者,整个作为旁观者的幻觉会因为当事人的介入而改变,很多关键的情绪也不同了。

积极想象主要是以情绪状态作为起点,此时往往会出现一些画面和人物,允许其尽情发挥,用各种方式表达。在梦里或幻象中,一个声音、一个身体感觉、一个画面或者是动物,都可以成为积极想象的起点,慢慢等待无意识进一步地表达。

虽然积极想象是在脑海里发生的，但是它仍然需要一个客观的载体。这个载体可能是一些艺术形式，如绘画、雕塑、舞蹈、诗歌，也可以是陪伴和倾听的分析师和沙盘游戏。无意识可能以其中一种或者多种方式来表达，让能量自然无碍地流淌，自我和自性之间相互呼应，交替探索，外在示现和向内观照自发地调节并保持一种动态的平衡。

通常，混沌的无意识往往不是通过大脑的思考，而是通过一个具体的形式如绘画、手工捏制玩具等逐步清晰地表现出来。

区别"幻想"和"想象"，是积极想象中很重要的环节。

"在想象中而生的人，会发现大自然的潜在力量；身体只有幻想，所以无法发现这种力量。"①

从心理分析的角度，集体无意识是潜在的，而意识和个体无意识则是从集体无意识里生发出来的。想象是从这种原始的集体无意识里点燃的一点亮光，沿着这个亮光出去，就是"想象"的路径。

幻想来自自我的需要，在很大程度上是满足自我的快捷方式，能帮助人达到一种虚妄的平衡。在幻想中，体验到的是各种情结与原型的纠结和实现，但是它不会带来超越效果，而只带来自我的膨胀，远远尝不到生命本身存在的喜乐。

幻想在形式上表现为对生活的补偿，有时会呈现博学的专家形象，有时会呈现英雄形象，有时会呈现楚楚可怜的绝世美人形象，或者是被上帝选中的继承者。将这些形象加在自己身上，会让我们觉得仿佛在很短的时间里扮演了心仪的人物，激情澎湃，豪情万丈。但是，一旦"戏剧"落幕，我们会陷入更深的失落与恍惚之中。幻想只会一遍又一遍地重复，短暂地喂养自我并不会带来真正的满足，下次"自我"感觉到饿的时候，需要重复地幻想来让自我舒服

---

① [美]杰弗里·芮夫. 荣格与炼金术[M]. 廖世德，译. 长沙：湖南人民出版社，2012：33.

一些。

然而,"在创造明显自性的初期,以及让自性表现出来的后期,想象的力量都是不可或缺的"。① 自性是在意识和无意识对立统一的基础上出现的,是属于第三空间的(杰弗瑞·芮夫称之为"类心灵"),而所谓的"妙体世界"就是这个第三空间。想象属于自性,正是第三空间妙体世界的一部分。

意识跟随想象,逐渐照亮潜在自性,恢复自性的显现。"想象的感知需要耐心,像艰苦而又令人沮丧的实验那样:'灵魂就在耐心之中。'"②

集体无意识的表达,常以积极想象的方式出现,我们意识足够强大时,可以经受得起集体无意识的巨大冲击,形成两者的张力。

与无意识的交流通常是通过祈祷、冥想、沉思的方式,想象就是沉思的一种,是与无意识的"对话"。也正是因为这个,积极想象有了很重要的理论根据,那就是我们内在有一个"真实"的生命,他能告诉我们的往往是很重要的信息,而这些是我们的自我无法获得的。"想象不止于心灵而已,还有实体或物质次元。"③

只有清楚区分了幻想和想象,才能保证积极想象的质量,而这是心理分析的基础所在。

(二)积极想象的火候:意识和无意识的平衡

在安全放松的环境中,哲学水银小心翼翼地出现。心灵会选择它最需要的东西填充和滋养自己。这是一种自发的选择,不需要其他干预,保护好边界不受侵犯和干扰。从这个意义上说,分析师是不能预知接下来会发生什么的,他们只能相信人们的自发智慧,保护好咨询环境的完整,保持火力稳定。在仔细观察的基础上把握炉中的火候,是心理分析的能力所在。

---

① [美]杰弗里·芮夫. 荣格与炼金术[M]. 廖世德,译. 长沙:湖南人民出版社,2012:78.
② [美]詹姆斯·希尔曼. 灵魂的密码[M]. 朱松,译. 北京:商务印书馆,1997:98.
③ [美]杰弗里·芮夫. 荣格与炼金术[M]. 廖世德,译. 长沙:湖南人民出版社,2012:56.

无意识心理学中的积极想象,正是类似的原理。

当积极想象开始时,无意识一旦得到放松表达的机会,就会出现一系列通过载体涌动出来的意象,例如画面、音乐、舞蹈等,此时能量很容易从意识转移到无意识,若是过于沉醉于美学的倾向和享受,则会偏向于无意识。不论是哪种偏颇,都会导致超越功能不能实现。

对集体价值观的高估,会带来个人自卑感,丧失个体价值,压抑无意识,远离人的内心感受;过分强调个人价值,意识薄弱,会造成自我膨胀,不能安定下来。

可以说,这样是在心灵事实的另一面建立起了一个新的平衡,不会一头独大而偏执一头。也可以说,在逐渐展露隐藏的心灵内容的过程中,很多曾经笃定地认为是心灵事实的内容开始松动,释放出埋藏的另外一头时,"在这个领悟的地方,精神体开始变得真实"。[①] 而精神体是化合的基础。

(三)积极想象的目的:超越功能

超越功能是对立面超越理性的整合,在这个过程中,可以逐渐达到"明显自性"的呈现。自性是不与任何对立的,是整合统一的。

而这个过程,意识和无意识必须共同参与。在意识之光的照耀下,激发无意识,使无意识与意识面对。意识面对无意识的时候,总是会害怕,用幻想来逃避面对。

启动超越功能,就是启动无意识,同时要保证意识的功能完整。简单地说,如果意识能够顺利地和无意识面对,超越功能便开始。然而,他所带来的强烈的冲突,却不是每个人都能承受得了的,这便是"危险旅程"。

"自我和潜意识创造出意象互动,两者在这一互动中要制造足够的张力,以便唤起超越功能。"[②]

[①] C. G. Jung. Mysterium Coniunctionis[M]. Bollingen: Bollingen Foundation, 1916:98.
[②] [美]杰弗里·芮夫. 荣格与炼金术[M]. 廖世德,译. 长沙:湖南人民出版社,2012:76.

二、心理分析的态度：容器内的纵容宠爱

在实验室里模仿自然环境的条件，可以人为地化合出新物质。同样，人们心灵中的"哲人蛋"想要顺利地孵出，也是需要人为地创造孵化环境。

分析师对来访者的态度即是孵化的环境，是非常重要的。人们需要一个让他们尽情表达的环境，不用担心会受到意识的判断和评价，像是孩子在强大的父母怀抱里，在这里表达的所有的都包含在这个大熔炉里，同时它们不会泄露到这之外的领域，不会因为有人对其所说过的话"当真"，用意识来再次伤害自性的自由。所以，这个熔炉不仅需要保持封闭和坚固，不会与放入的物质反应（使物质再次掺杂杂质），而且需要保持一定的温度和张力，让其可以不断地一层层展示自己，不会遇到冷却并再次凝固。

正如那关于鸡蛋的梦，每个来访者，或者每个人，在意识化的过程中其自性都会被不同程度地压抑，精神鸡蛋中的生命没有完整地孵化出来。不完整的感觉导致意识里总是隐藏着卑微的情结，如同一块掺杂了多种杂质的肮脏的石头。保养天性，恢复完整的自性，是心理分析的目的之一。人类心理的病症的根源，就是自性因为意识的分裂而分离。

人们为了不完整而感觉到不安，也因为从未体会过的完整而恐惧。狮身人面像斯芬克斯，以及我们梦里的黑人、老虎、毒蛇、鬼怪，都是自性希望发出呼声，让我们听到意识之外的声音，看到它的样子，只不过戴上了不同的皮囊。

因此，首先要坚持分析的设置前提。因为时间、地点、费用等的设置，都是帮助来访者在探索大海般无边际的无意识时，找到安定的基点。有固定的设置，来访者也会感觉到安稳和保护。

除此之外，心理分析需要分析师持有"纵容和宠爱"的态度。

"纵"即表达激发其无意识，重新唤醒其生命能量的含义，"容"是在激发无意识之后对来访者的包容、容纳。来访者的所有表现，都是生命力的表达，不

需要仔细分辨;"宠爱",像父母对待小孩,是带着温度的关注,让分析的封闭空间保持温暖放松,使来访者感觉到自己被"看到"。

为什么要强调"纵容宠爱"呢？我们可以从客体关系理论中找到其理论的根据。简而言之,来访者是因为客体关系的缺乏,才带来种种症状,而纵容宠爱是修复其客体关系的方法,而这种纵容和宠爱,实际上是一种"关注",一种让来访者觉得自己很重要、很宝贵的"关注"。

第三章　心理分析意识转化过程及个案研究

本书将心理分析自性化的过程分成了相应的四个阶段。另外,《哲学家的玫瑰园》也是一个象征性的表达,本书也从心理分析的角度,对此进行了心理分析的解读。

心理分析的过程,不仅仅是治疗,还有逐渐连接自性,找到整合矛盾的自性化道路。

自性是全人格的中心,它虽然一直存在,但往往人们是不知道其所在的。就像一个灯泡被很多尘埃覆盖,看不到其光亮一样。"意识的中心是自我,全人格的中心是自性。"[1]在大多数时候,自我意识作为主人控制全局,而个体无意识中的情结和集体无意识的原型,也属于同一个层面。看似稳固的自我意识,原型和情结会随时跑出来击溃自我脆弱的整体感。只有当意识和无意识开始整合,自性的中心统治地位清晰起来,心灵结构才开始统一和秩序化。

---

[1] [美]杰弗里·芮夫. 荣格与炼金术[M]. 廖世德,译. 长沙:湖南人民出版社,2012:40.

第一节　旧自我的消逝

这一阶段,对应于心理分析,就是面对自己阴影的过程。这一过程极其重要,而且比较漫长,心理分析中的大多数个案都长年地在这样一个阶段中进行,因此无论是从数据收集,还是从个案的工作看来,这一部分的重要性和内容的丰富性都是非常突出的。

一、无意识的激发

人们在成长社会化过程中,往往对无意识的关注很少,人们可能会逐渐被意识圈禁起来,从而失去自由。心理分析在意识和无意识、物质和心灵的双重意义,在两者之间搭建起了桥梁,与神话、童话一样,意识和无意识有了自然往来的一块领域。荣格也说,心灵就是自然。人们本能的向往,是自然而然、水到渠成的自然状态,生活和心灵都是如此。可是意识和无意识、道德和本能的分化,不自然的状态之下,潜伏着巨大的张力。

启动无意识后,自我意识和无意识会产生冲突,此时无意识常常会人格化为一个或者一些内在人物,通过接触内在人物,超越功能开始启动。这种冲突的张力继续维持的同时,两者的"对立"会使储藏在无意识里像冰山一样的能量开始渐渐消融,意识的力量增强,空出来的空间便是超越功能带来的第三空间,"潜在自性"随着第三空间的呈现和扩大转化为"明显自性"的一部分。意识与无意识相对,而自性不与任何东西相对。

原来自我意识掌握着控制权,时不时会有无意识打断和骚扰,两者的冲突困扰着人们。一旦出现"明显自性"并且越来越稳定,这统治的大权就会转交到自性手里,此时它不像"潜在自性"阶段一样是隐藏不见的,而是呈现开阔空旷的景象,看似空空的自性,可以变化万千。"想象是使人挣脱命运主宰、决定自身命运的方法。"①

"自性显现,自己就能够做主,决定一切事情。"自性做主,自我便处于从属地位,以往能够动摇到自我的各种东西,如今也无足轻重了。不受外在因素和原型的束缚,"挣脱原本与他的本性并不真实的集体无意识及原型影响力"。②

原本看起来对自我有益的和有害的材料,在自性中都会被整合进去,组合成新的整体。

二、无意识的最初状态

人的心灵需要最初会投射在父母身上。现实中不会有想象中完美的父母可以满足一切需要,所以人的这种需要接着又会投射到身边出现的其他人身上,如伴侣、朋友、领导、同事,等等。这自然很容易理解,在这个过程中,心灵需要不能被满足的人会伴随失望、伤心、愤怒、挣扎,尽管如此,被压抑的需要还是会保持一定的活力,换句话说,人们在这种状态下看起来还是有憧憬和希望的。可是,在期待不断受到挫折到一定程度的时候,人们就会自然地怀疑自己,反问自己,放弃努力。此时,人的生机会慢慢消失,在日复一日的机械重复的生活中黯然失色。也就是说,从小孩时候本能的需要和要求,到社会角色下暗暗隐藏无意识的需求,都会时不时地搅乱正常秩序,最终使人渐渐对自己的需要丧失感觉。生活中这样的人常常表现为因循守旧,小心翼翼维护安全,没有自信,做事故步自封,害怕挑战,没有创造力,被动,没有活力。

无意识中隐藏了大量的不能被投射满足的需要,但是它们正是调和我们心灵的哲学水银,因此,全面启动它们是第一重要阶段。

---

① [美]杰弗里·芮夫. 荣格与炼金术[M]. 廖世德,译. 长沙:湖南人民出版社,2012:59.
② [美]杰弗里·芮夫. 荣格与炼金术[M]. 廖世德,译. 长沙:湖南人民出版社,2012:89.

三、无意识的启动阶段

激发无意识可以带来剧烈的投射。无意识一旦被激发,就会像野马似的向外狂奔。此时,让它尽情往外跑,就是要彻底展示出其本能的需要,不再压抑。但是同时,也要保护好边界,守在旁边小心看护,不至于让意识决堤。"一点点地,一天又一天,将察觉他的精神之眼,和伴随最大的快乐,神圣的启发闪耀着。"[1]

无意识里的物质回归到意识里,是所有事情中最恐怖的事情。强烈的阻抗可以不让无意识回归到意识里。所以,只有当无意识被压抑的痛苦远远大于面对无意识整合的恐惧的痛苦时,整合才会有动力主动面对后者的危险,比如,面临巨大的危险和灾难的那一刹那,无意识的巨大能量可以被激发,和意识并肩作战;又或者外在的刺激与内在的无意识心灵产生了很大的呼应,如强烈的移情,外在人物形象与内在心灵原型很相应,会启动内在无意识;又比如激发到某个情结或者创伤,在安全的环境中,人也会被动地调动无意识内容。

无意识启动的过程伴随投射的突显和增强,可能表现为对旁人很多评价的消极应对,这时受访者会一改往日和蔼可亲的样子,甚至变得面目可憎。这时对立冲突变得强烈,受访者内心有时似烈火般焦灼,有时如乌云般抑郁。分析师常常用火来形容启动的力量。正是因为反应如此激烈,所以火候的掌握十分关键。火太大,原初物质还未完全出现就已经烧为灰烬;火太小,则不足以启动分析的过程,治疗过程也无法开展。

通常,来访者在生命中没有亲密关系可以让她放心地倾诉创伤经历和难忍的死亡焦虑,移情和反移情为双方建立心灵的亲密关系创造了可能。

---

[1] C. G. Jung. Mysterium Coniunctionis[M]. Bollingen: Bollingen Foundation,1916:30.

四、转化的初级阶段

当无意识被启动后,在适当的火候控制下,来访者早期的记忆和创伤会出来得越来越多,这时就进入真正的初始阶段。

因为精神和身体总是纠缠在一起,人们往往将完美的精神人物投射到外在的人身上。想要获得意识化的结合,首先要认识到"灵魂是精神的器官,身体是灵魂的工具"①,分离无法避免,就像荣格所提到的"主动死亡"。只有精神和身体分离,灵魂才会成功出现,并成为精神的容器。而精神与身体的再次结合,使身体成为精神的工具,而不是主宰。精神此时装载在身体中,受到身体的干扰,然而这种干扰只要精神和身体无意识地混在一起,便无法避免。至于干扰的程度,取决于精神对身体的依赖程度。

减少或者彻底消除身体对精神的干扰是开始阶段的重要任务,其也为后阶段重新结合奠定了基础。简单说,这个过程就是不断收回投射、放下心中执念的过程。大量的心理能量,都被投射牵制住。"物质的惰性是天生的"②,具体的表现有:感觉自己身体很重,想要减重;感觉抑郁,没有兴趣做事;觉得凡事都畏手畏脚,犹豫不前;常常觉得沮丧,不被爱;希望获得认同和关注;取得成绩时成就感明显,而过后不久还是会出现抑郁、无价值感;洁癖、强迫倾向的行为和思维方式;焦躁不安;等等。

这些现象出现在普通人群中,只要不是过分严重,当然不能算作疾病,只是正常范围内的反应。但是,心理分析帮助人们获得的是不被动摇的快乐,像石头一样,是绝对的幸福感。这样也可以理解,为什么古代圣人可以不受别人影响,生活默默无闻,简单朴素也很快乐。

而"因为灵魂使身体充满活力,就像灵魂是由精神启动的,她倾向于青睐

---

① C. G. Jung. Mysterium Coniunctionis[M]. Bollingen: Bollingen Foundation,1916:80.
② C. G. Jung. Mysterium Coniunctionis[M]. Bollingen: Bollingen Foundation,1916:88.

身体和肉体的各种东西,感官的、情感的东西"。"这也是减轻身体,因为他不仅仅享受灵魂启动的好处,还遭受作为服务于灵魂的食欲和需要的工具的缺点。"①通常,人们会投射一个面在对象身上,或者是成功的,或者是失败的;或者是快乐的,或者是悲哀的;或者是被接纳的,或者是被抛弃的。不论是哪个面,都总是会在无意中回避另一个面。这样日积月累就形成了坚固的观念,认定其中的一面便可以代表这个对象。只有当我们逐渐把月光投向被隐藏的角落,逐渐看到另外一面,比如对方是如此对待我,我发现我也是这么对待他的;我对他的好,他也有;他对我的恶,我也有,平衡才会慢慢产生,投射才开始真正被收回,被执着的念头和相应的无意识压住的心理能量才能释放出来,沉重的肉体也开始变得轻松。而这个过程,绝不是头脑得到的理性的概念和认识,而是与无意识一点一点地接触后不断产生的意识化结果。因此,它对于个人来说,不是无中生有的学习,而是对一直存在的事实的逐步了解。

　　人类的痛苦往往来自内心的冲突。心灵的不同部分常常会嘈杂难忍、各自发声,有时候某一个声音可以压制住其他的声音。这种不和谐的冲突在意识上是无法解决的,它与聪明不聪明、有没有才华能力无关。心理分析最终想要寻找的,就是可以调和这些冲突的自性。然而,看似绝对对立的事物并不是不可调和的,这种不可调和是因为有一些很重要的元素被隐藏到了无意识领域,不被人知。若是找到这些隐秘的物质,使之和已知的矛盾组成强烈的互补关系,对立面之间深不可测的沟壑就能够被填平。

　　荣格想找出自性化的本质,但是心灵对立面的统一和完整看起来是个十分遥远的事情。

　　事实上,这对立的痛苦无时无刻不在提醒着人们,要小心翼翼保护好妥协的这一面,这一面自我感觉很好。如果碰到了抗拒的那一面,就会感到无力,害怕,不能安闲,急于逃离。对立越是坚固,抗拒越是强烈。

---

① C. G. Jung. Mysterium Coniunctionis[M]. Bollingen: Bollingen Foundation, 1916: 40—41.

但是，被自我阻拦不可进入心理领域成了"地下世界"，人格化成为赫尔墨斯—墨丘利式的"捣蛋鬼"，常常跑出来搅乱"表面的和平"。它拥有两面的残忍性质。

在残忍的一面中，它是分裂世界的"地下"部分，黑暗不可知，使人们远离和忘记黑暗世界。但是，它并不会停止伤害，最初的焦虑像一只怪兽吞下了一半的心理能量。要启动整个人格，面对被压抑而可怕的一面是避免不了的。

试图阻止希望、成长、个体化，弗洛伊德称这个恶魔似的内在精神中介为"严厉的超我"。迈克尔·福特汉姆在早期的文章中暗示"某些病人的消极治疗反应也许是代表古代的'自性的防御'(Defenses of the Self)"。我们认为分析中的防御和消极人格，正是超我的严厉带来压力，但是墨丘利面对超我的时候是无力的、弱小的，因此，感受上是消极和防御的，是自我在防御。这个意象很容易用一个梦来理解——来访者玫瑰的梦：

我是个汉代的白衣少年。我所在的房间是阴暗的，有很多的侍从，跟我也没有互动。母亲是一个高高在上的高贵的妇人，但是总对我有各种强制，也没有母亲的温情。我觉得很压抑，我拿起宝剑就冲出去了，外面的天空很亮，园子里景色也很优美。到了一块空地上，仆人绑着四个囚犯，都是判了极刑的。我拿起剑，一下横划过去，同时切下了四个人的人头。这一刻，我压抑的心一下子轻松了。我可以和母亲平等地相处了。

这个梦看起来有些血腥，但是它很明显地表现了内在严厉的超我的人格化意象——"高高在上的母亲"。为了抵御墨丘利的魔鬼般毁灭性的力量，严厉的"母亲"无时不在施加约束。"母亲"自己既是施虐者，又是受虐者。还不仅仅是心灵内在的，在外在生活中，其一方面冷酷无情地对待亲人，另一方面又对自己的做法自责、懊悔、心疼，仿佛是自己伸手剜自己的心。矛盾的局面无力缓解，只能一遍又一遍地重复这种"分裂的摧残"和"毁灭性的伤害"。

但是同时，墨丘利还有另一面，就是具有潜在创造力的一面。病人被超我残忍的"力量"压抑得失去了活力,梦里用极端的方式来发泄,墨丘利陷入疯狂的反抗。有的时候会表现为一个"砍头"的意象,转化意象也是常常出现的。

绘画象征艺术中,也出现过砍下皇族头颅放到锅里烹煮(如图 3—1 所示)。"砍头"是重要的象征,意味着"理解",从使灵魂受到伤害的"巨大的伤害和悲痛"中分离,是植根于头脑的"沉思"的释放,是从"本性的束缚"中得到心灵的释放。[1]

注:来自荣格的《心理学与炼金术》。

图 3—1 烹煮国王

---

[1] C. G. Jung. Mysterium Coniunctionis[M]. Bollingen: Bollingen Foundation, 1916:60.

墨丘利扮演成弗洛伊德所说的"死亡本能"中的死神形象，对意识产生了死亡威胁。对来访者来说，死亡的感觉只需要加一点意念就变得非常真实，从早到晚每时每刻都是占据脑海的唯一的念头，尽管知道不会有真正的死亡，但是每一天还是为死亡在做准备。"梦包括暴怒的毁灭性的意向……像是一个被爱戴的英雄被一个黑色皮肤的奴隶谋杀，或者是他的英雄主义态度必然的消亡。"[1]梦想和幻想慢慢地不常出现在脑海里，也不会期待可以创造所谓的"奇迹"，荣格称之为"reductive thinking"，即思考减少。[2]

严厉的超我有时候会以严厉且具有权威的女性形象出现，有时候还会以年长的男性出现，比如家族族长。而墨丘利有时候会以阿尼姆斯似的形象出现，有时候会以疯狂的女人形象出现。因为墨丘利本身就是一体两性的，它通常作为雌雄复合体存在。

意识感觉到不安全感，事实上墨丘利要"杀掉"的并不是我们自己，而是导致压抑的过强的超我。而这个让人们最害怕的鬼怪，恰恰是保护的力量，在很多意象中，以守护神的形态出现，是我们内在的神性，保护我们的自性。墨丘利并不是自性，它是自性的信使，穿着有翅膀的鞋子，拿着两头蛇的魔杖。真正抓住我们的恶魔并不是墨丘利，而是严厉的超我。

以下是个案玫瑰的一个梦：

梦中的黑人，强壮、野蛮、具有攻击性，黑人骑在车上停下来问我父亲问题。我赶紧拦在父亲前面保护。此时，黑人却出乎意外的友善，扔给了我一个金币。

感觉上的具有攻击性的人并没有真的有攻击行为，黑人是自性的信使墨丘利。在极端的情况下，例如梦中要保护父亲的危险情形下，面对黑人她没有逃避，结果得到了一个金币的奖励。在梦中，她在本能力量的代表——黑人的

---

[1] Stanton Marlan. Fire in the Stone[M]. Canada: Coach House, 1997: 69.
[2] James Hillman. The Soul Code[M]. Translated by Zhu Song. Beijing: The Commercial Press, 1997: 99.

"威胁"下,与父亲建立起了感情的联系——保护父亲。这就是本能的奖励。

无意识渴望用自己的方式发出声音,渴望被意识看到,可是意识像太阳一样,黑暗在被照到的时候会感觉到羞耻、害怕、拘谨,引起无意识的逃离和反扑。

说到光明的"粗暴",事实上指的是与顺利的初级阶段过程中对立的状况。之所以反复地强调激发无意识的火力调节的重要性,其中一种原因是火力过大过猛可能会使原初物质直接进入"红化"阶段。这并不是什么好消息,因为原初物质会害怕大火的灼热而想要逃离,虚假地伪装成圆满的阶段,事实上珍贵的物质——墨丘利早已溜走了。

心理分析中很多人急于想要达到获得圆满的自性的结果,但这是不现实的。一方面,旧的自我为了不至于死亡,而拼命抗拒;另一方面,新的自我为了获得解脱,巴不得一蹴而就。结果就导致了很多奇怪的头尾极其不协调的状态,只在自卑与自负两极之间变化。"一旦我们确定于获得整体,我们将会错过矛盾"。[1] 珍贵的原初物质是从矛盾和腐败中自然得来的,并不会想当然地出现。

心理分析师过于心急想要得到分析的进展的心态一旦被来访者感觉到,来访者就可能会像儿时迎合父母的希望一样希望在分析师面前表现得更好,希望被喜欢,这些都会催化无意识伪装成"完美"的样子,再一次被分析时的"父母"意志所伤害。

五、心理分析初级意象

心理分析过程汇总出现了大量的象征和意象,经常会表现在梦的意象、积极想象、沙盘或者艺术表达之中。

很多难懂的图画,并不是刻意比喻性的形容,而是经历这些过程时,心灵

---

[1] James Hillman. The Soul Code[M]. Translated by Zhu Song. Beijing: The Commercial Press, 1997:76.

中真实浮现的画面的描绘。"绿色的狮子",涉及"绿色金子",暗示很多东西是不成熟的,或者天真的,也是成长中的。"尸体、棺材和坟墓都是心灵神秘的工作的容器。"①做梦的来访者对心理意象从未有过了解,意象都是不同分析阶段自然出现的。象征都是自然本身的结果,是心灵的自然结构的外现。

外在关系,例如母女、夫妻、姐妹,都会碰到相应的意识边界。对于真实的感受来说,其碰到边界的时候都会受到伤害,这会造成心灵的分裂,自性的土壤被意识分割成很多块,大量不能划分到意识各个板块的部分就沉入无意识,不能表达。

意识压抑的内容越多,无意识呈现的力量就越大。歌德的《浮士德》中魔鬼撒旦与浮士德订的协议,将浮士德完全颠覆成为另一个人,陷入各种欲望的表达,撒旦将他带回青春、欲望、野蛮当中;但丁的《神曲》中写道:

> 我生命旅程的中间
>
> 我发现我在一片暗淡的树林里
>
> 对于正确的道路,我从何处迷失,迷路
>
> 啊,我呀!很难以表达
>
> 粗糙和野蛮的原始地方
>
> 这种想法把我带回了恐惧里
>
> 它是多么痛苦,死亡更多一些。②

人们所强调的心灵创伤,往往就是心灵分裂的裂口所在。在分裂之后,意识表现的形态各不相同。其表现为不同的民族文化、生活习惯、兴趣爱好、从事的职业、性格习气,也就是从这开始,意识失去了完整性。这些都是个体的不同,而分裂之前的心灵对于每个人都是相同的。分裂是每个人都要经历的,因此回归完整的体验也是迟早要发生的,也就是说,自发的心理分析经历是迟

---

① C. G. Jung. Mysterium Coniunctionis[M]. Bollingen: Bollingen Foundation, 1916.
② [意]但丁·阿利吉耶里. 神曲[M]. 王维克,译. 杭州:浙江文艺出版社,2020:1307—1321.

早会开始的,"当意识自我已经耗尽了赋予生命态度的资源和能量的时候"。①

玫瑰是个很聪明的女性,拘谨胆怯,长期生活在一个压抑的环境中,有抑郁症状,对男性极度不信任,常常感觉自己不是真的活着,对周围的刺激全部都会产生反应,但是对什么都不感兴趣。玫瑰做什么事都像被一只手按住,不能放开手脚,她会认真对待任何人,并与别人保持好的关系。但是她精神上没有自己的世界。同时,她开朗幽默,自己觉得自己对金钱很大方,不计较,乐于助人。

在她的分析过程中,很多是以"鬼"的意象表达的,鬼怪大多被看作消极和无意识的比喻。一些压抑、恐怖的回忆存留着无意识里形象化了的"鬼怪"形象。

下面是开始分析不久的时候她做的一个梦:

我在房间里,听到有声音,以为是小偷来了。我叫朋友去拿刀,自己透过镜子看到一个男人溜进了我的房间。在进去看的时候,他在房间沙发上,脸像个白化病人一样惨白,没有血色,头发淡黄色,像个怪人。我拿着刀要他出去,说不出去就叫警察。他用刀划破他的手腕,流了血,还切开他的肚子,再把头塞进自己切开的肚子里。我实在是受不了了,喊着说我不叫警察了,你走吧。他走出门,一把抓下脸上的脸皮,露出一个年轻、英俊的西方男子的面孔,他对我说:"你这就受不了了,这才刚刚开始。"

在这之后的几个星期,她报告说自己在面对一次考试时感到一种巨大的恐惧,她每分每秒都在为即将到来的死亡做准备。她脑子里想到什么事情就马上去做,她不再觉得孤单,也不再关注别人,紧张已经占据了她整个脑子,之前害怕或者没有感觉的事情她都去尝试,仿佛这样可以缓解她的压力。她说:"我怕得快要死了。我知道我不会死亡,但是真的感觉死期要到了。现在我才知道,死亡不是生理现象,它是一种感受……"她觉得被什么重重的东西压得抬不起头来。

---

① C. G. Jung. Mysterium Coniunctionis[M]. Bollingen: Bollingen Foundation,1916:68.

她描述的正是意识面对无意识的时候旧的自我消融的过程。旧的自我曾经是意识能够感受到的生命的全部，但是正因为事实上它不是，所以意识感受到的"死亡"并不是真正的生理死亡，而像是死亡的排演。这也正是分析中旧的自我"死亡"和新的自我"重生"的关键之处，变化的都是心灵的原初物质。而梦也给了她提示，一旦开始这个过程，就是一场危险的心灵旅程。然而，不论表象是多么让人痛苦，内含的东西却生机勃勃，富有美感。"死亡"是远远超越生理的。从自我的感受上，死亡是要分裂消失的感觉，是自我的一个幻想。但是等到巨大的恐惧感过后，会回到自性的感受上，像是一件愉快、自豪的事情。一次伟大的整合正在暗暗地发生。

就像梦里的启示，一切只不过是给了她一个警告，接下来是分析过程中得到的梦：

晚上我睡着的时候听到有声音，我坐起来什么也没看到。再睡下来，感觉到有人爬到我的身上，我感觉到她的指甲很长。我抓住她的手用牙齿咬住，仿佛是从我的下体将她用很大的力气拉了出来。她蹲到我的床边，黑黑的一团，是个矮个子的女人。在我想看清她的时候，我醒了。

她在梦醒过来的时候，觉得被压得很重，而且用力拉她出来的感觉很强烈，浑身是汗，非常恐惧。在分析这个梦的时候，她想起她买的一个艺术品，就是头低着蹲着的女人，脸都深埋在身体里，她给其取了个名字——"羞耻鬼"。她想起被姐姐当很多伙伴的面说起自己觉得羞耻的事情，年幼的她不知道如何面对，只能闭着眼睛躺在床上等待时间过去。此时，她觉得自己像个装死的人，熊不会吃死人。梦里那个长长的指甲就是"熊"的指甲。恐惧压抑在无意识里太长时间，已经意象化为羞耻的化身——羞耻鬼。在它再次出现的时候，她的感受很强烈，以至于身体感官都可以收到信息。

在这之后不久，她表示遇到金钱的分歧的时候，她也可以开始"自私"地和朋友表达自己的想法，明确表明自己希望得到多少。她惊奇地发现，这样做并不"羞耻",而是很"自然"。

第二个关于鬼的梦:

我拉到一只手,修长得像我男友的手,没有回头,听到果然是他的声音,还传来一阵惊悚的笑声,我就知道这是鬼。我心里很害怕,我死死地拉住他的手,想把他拉出去。路上又碰到另一个人,也是鬼。我拼命地把他们塞进桶里,点上火,盖上盖子。我想,其他方法不行,把他们烧了,总可以消灭干净了吧。隔了许久,我打开桶盖,拿出一条婴儿穿的白纱裤,放到太阳底下晒。

之后的分析中,她觉得这个梦发生的地方是她舅舅家。舅舅家里总是阴暗的,没有厕所,大小便只能在旁边的下水道解决。随时会有人过来,她每次上厕所都像一只受惊的小鹿。每一次累积的恐惧,在重新激发无意识内容的时候,都会成为鬼的意象,代表之前所有的感受呈现出来。这里还有一个细节,就是最后出现了白色的婴儿的小裤子,也暗示了在黑化的同时,即伴随重生的开始,也证实了让其恐惧的正是生命的精华所在。

第三个梦表明,初始的过程也并非全部是恐惧,还有奇妙和美好的体会,生命的原初物质又怎么只会是苦涩的呢。

黑夜里,我走在一条大马路上,除了我之外路上只有三三两两几个人,路的尽头是一栋亮着光的楼房,里面传出尖尖细细的声音:"天干物燥,小心火烛……"还有女鬼的声音,"我们喜欢,嘻嘻嘻……"

在讲述这个梦的时候,她说在这条道路上她曾遭遇过车祸,但是她想起来并不觉得可怕,她想起身体被压的感觉居然很开心,仿佛让身体恢复了些触觉。她还想到儿时哥哥带着她去学校参加晚会,大家都喜欢她,宠着她。她还挺喜欢梦里的鬼的。鬼表达了她的感觉,被车子轧过身体,对于现在身体感觉麻木的她来说,是自己身体实实在在的接触。所以她想起小时候虽然被轧,但记忆中却是清凉、新鲜、喜悦的感觉。

另一个来访者绒花从梦中感觉到的则是地狱一般的毁灭性能量。她说她在梦中看着扶手栏杆,似乎非常矮,矮到一抬脚就可以跨过去。她把这个画面画了下来(如图3—2所示)。

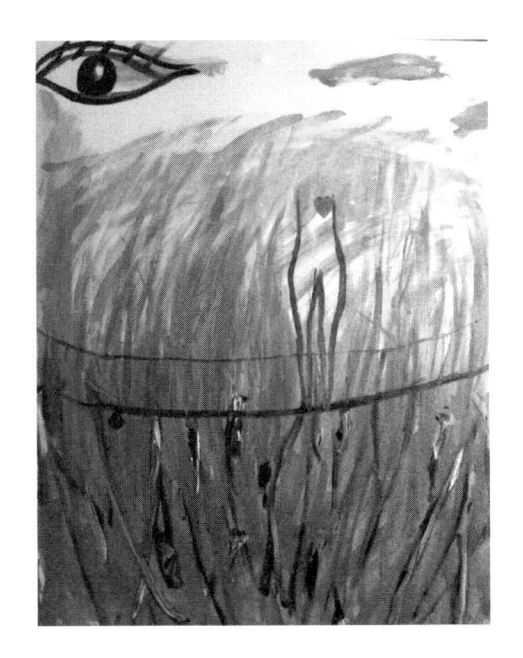

图3—2 来访者画作——地狱

看到这幅画作,仿佛能感觉到她内在黑暗中熊熊燃烧的火焰般炙热的物质。超越黑暗的时候,人的情绪的确会冒着"毁灭部分"的危险,其中的关键点还在于左上角的那只眼睛。

她想起了古埃及神话中著名的"荷鲁斯之眼"。

埃及人认为眼睛是灵魂的所在,奥西里斯隐藏在荷鲁斯的眼睛中,故其也被看作守护神之眼,在人们复活重生的时候发挥保护的作用。即使在熊熊烈火燃烧时,她的意识还是在看护着,让烧毁自我的黑暗的火焰,不至于把心理的毁灭性力量扩张到现实世界中来。事实上,在心灵世界燃烧掉黑色的物质就是自我,以及喂养自我的方式——自恋,随之消失的是自我满足的快乐和不满足的孤独。

六、光明的透现

分析的开始，大概率是让人难受的。"大乌鸦的声音响起，预示可怕的事情将要发生。"[1]生命中经历的侮辱不可能想当然地用愿望和所谓的宽容心超越。这些讽刺、嘲笑、侮辱、轻视、贬低价值的对待，无时无刻不在黑暗的角落侵蚀我们的生命力。它们必须被看到、被承认、获得意识，然后通过表达获得心灵的平衡。

由此可见，来访者将自己心灵的内容投射到分析的过程中，自性以及所有的自我会逐渐消失，旧自我在烈火中逐渐烧尽，留下永恒的自性。中国炼丹术修炼内丹的过程中，出现的"内景"与之类似。正是消亡的自我，才让人们真正感觉到自身的存在。一度停滞的心灵发展又重新启动，开始受胎、发育，除了肉体，心灵也重新感觉到活力。"解放自己过上想象的和诗意的生活，一种超越生命的生命，进入心灵深处的变化。"[2]

个案玫瑰在经历了黑暗的世界和黑暗的意象后，渐渐地有了一些变化。

她开始分享自己的故事。她小时候怕父亲，上厕所的时候总是会把小栓子拴起来，也不敢和他亲近。她长大以后觉得男性是不安全的，现在却惊奇地发现父亲是个很有美感的人，而且感情自然，丝毫不做作，这正是她缺乏的。父亲对她并不是威胁，而是真实的疼爱和守护。在消极的自我慢慢消融之后，即原初物质中掺杂的黑色杂质分离出来，自然的天性便显露出来。

荣格说，心灵即自然。真实自然的感受和表达，才能真正地守护心灵。她一直害怕面对的正是这生命力的源泉。

在意识顺着集体价值观照亮一条道路的同时，其他的道路就淹没在了黑

---

[1] James Hillman. The Soul Code[M]. Translated by Zhu Song. Beijing: The Commercial Press, 1997:40.

[2] James Hillman. The Soul Code[M]. Translated by Zhu Song. Beijing: The Commercial Press, 1997:80.

暗里，成为黑暗的无意识。黑暗的世界里，有大量不被意识照亮的内容，因此其被认为是没有价值的，一旦脱离光明，它就会陷入深深的无价值黑洞里。然而，黑暗世界有其独立的生命，在超我的压抑下它有时隐隐地低声哭泣，有时愤怒地想要发泄，有时开心却不敢笑出声来。荣格说"黑暗有自己独特的智能和自己的逻辑，我们是很难把握的"①，不要试图理解它，也别轻易想要超越它、靠近它，而应让它通过我们表达。

经历"死亡"和"新生"和心灵物质，正是深度心理学的核心。面对外在世界，自性感觉到不被保护，就选择"被保护起来"，保证"人活着但是不能有创造性地活着"，但至少不会被毁灭。"荣格叫作自性的东西没有被毁坏，被杀死或者分析导致死亡的是消极的（破坏性的）自我，或者错误的（假的）自性"②——原初物质是一直没有消失的，贯穿整个始终。

玫瑰的梦也有了一些变化：

我从教室出来，再想回去就怎么也找不到路了。看见对面走过来一个骷髅，我赶紧扭头就跑，结果有个绿色的怪人直接向我走过来……

我和别的三个人抬着一个棺材去火葬场火化，棺材里面是一个年轻的男人……

从已知走向未知，从光明走向黑暗，是一场痛苦又惊喜的旅行。自我的手再也把握不住无意识的力量，只得把意识的光让位于更大的领域。更多的人格部分被纳入进来。"黑暗真的看起来是在光明之上的'超越'，一个比'局部知识'的光明'更伟大的知识'。"③

"腐败有这么伟大的效力，它完全清除了旧的天性，结出了另一个果实

---

① James Hillman. The Soul Code[M]. Translated by Zhu Song. Beijing：The Commercial Press，1997：66.
② James Hillman. The Soul Code[M]. Translated by Zhu Song. Beijing：The Commercial Press，1997：48.
③ Stanton Marlan. Fire in the Stone[M]. Canada：Coach House，1997：78.

……腐败带走了所有腐蚀性精神盐里的苦,使它们柔软和甜蜜。"[1]因为自恋带来的痛苦,随着旧的自我逐渐地消融,自我幻想和想象也开始减少。黑暗腐败的过程并不是只发生一次,而是不停地重复发生。

第二节 初显的自性

这个阶段意象的表达是从"哺乳"开始,就是注入白色的液体。这种液体叫作"少女之乳""永恒之水",就是液态的水银。反复七次之后,吸收了少女之乳的国王(新的自我)慢慢呈现金色。国王此时已经足够强大,不需要再吸食,从此生命不再黑暗,而是被财富逐渐填满,充满荣耀与光辉。这个阶段,自我已经形成完好,不会泄露一点点能量到其他地方,所有的能量都集中在自我。外在的世界仍旧会呈现一个平衡的状态——得与失,爱与恨,相遇与别离,但是自我成为唯一的出口和入口,这两方面都成了自我的一部分,都是不断增加价值感。

这个阶段首先是从黏合开始的。只有通过黏合才有可能有新的物质产生。在心理分析之中,黏合有多种含义,可以是意识和无意识的黏合,也可以是无意识之间的黏合,在现实关系中可以表现为咨访关系。一旦开始黏合,就会出现心理分析中所谓的超越功能,此时,自性之光开始显现,心理分析度过了最为黑暗的时期,世界开始亮起来。

一、黏合的基础:雌雄同体的墨丘利

墨丘利也常常被认为是雌雄同体的。这是人的心灵能够产生黏合的基础,在心理分析之中,我们称之为阿尼姆斯和阿尼玛,也就是我们内心中的男

---

[1] Stanton Marlan. Fire in the Stone[M]. Canada: Coach House, 1997: 90.

性成分和女性成分,这两种成分是我们每个人的心灵中本有的,但是由于各种原因,两者并没有被意识化,而是在不断地向外投射,一旦这两种成分被意识化,真正的黏合就开始,超越性功能就开始显现了。

一则是所谓的"两性人的讽刺短诗",它被认为是旺多姆的马蒂厄创作的(1150年):

当我怀孕的母亲在她的子宫里孕育我的时候,他们说她问众神她将会生出什么。

福波斯说是一个男孩,玛尔斯说是一个女孩,朱诺说都不是。

而当我出生的时候,我是一个双性人。

有一个非常精彩的故事,是关于梅斯特·艾克哈特的"女儿"的轶事:

一个女儿来到多明我会的女修道院寻找梅斯特·艾克哈特。守门人说,我该跟他说什么?她回答道,我不知道。为什么你不知道,他问。因为,她说,我既不是处女也不是配偶,既非男人也非妻子,既非寡妇也非女士,既不是老爷,也不是女仆和奴隶。守门人离开去找了梅斯特·艾克哈特。之后,他对艾克哈特说道,他从没听说过如此奇异的生物,让我也过去看看,把你的头伸出去问她,是谁在找我?他如此做了。她对他说了跟守门人说的一样的话。他说,我的孩子,你有一个机灵敏锐的舌头,我请求你告诉你想表达的意思。她回答道,如果我是处女的话,我会处在我最初的天真烂漫中;如果我结婚了的话,我将在我的灵魂中不停地承受永恒的字眼;如果我是一个男人的话,我将会全力克服我的错误;如果我是一个妻子的话,我将会忠于我的丈夫;如果我是一个寡妇的话,我将会思念我唯一的爱人;如果我是一个小姐的话,我将会对人永远致以尊重;如果我是一个女仆的话,我将会永远谦卑地顺从上帝以及一切创造物;如果我是一个奴隶的话,我将会努力工作,最大限度地温顺地服侍我的主人。在这些所有的事物中,我不是唯一的一个,我是一个事物,而其他也会抵达那里。

没有人是完全的男人或者女人，他们内在都包含异性。荣格说："对于一个男人来说，区别出他自己和他的阿尼玛是很困难的，更是因为她是不可见的。"①为了理解男性的需要，荣格提出"男性气质支配的男性自我"这一概念，此外女性的原型也在男性心灵里，正是他男性气质的完美补充，却长期处于不发达的状态。

正是因为阿尼玛或者阿尼姆斯长期处于不发达状态，无意识地投射到外在。对于女性来说，首先在外在寻找男性意象的对象就是父亲，或者其他男性养育者，接着就是吸引她的男性。只有在激发了内在男性形象的时候，女性才真正感觉到自己是女人。同样，只有内在女性原型被强烈地激发时，她不再是沉睡的状态，开始变得活跃，男性也才真正感觉到自己是男人。也就是说，当女性心灵中的男性原型没有被启动的时候，女性意识也没有开化，混沌在一起。其有时候表现为非常依赖男性的弱势女性，有时候会表现为表面上具有男性气质的"女汉子""假小子"。

俄狄浦斯情结所带来的创伤，是外在投射的对象无法完全启动内在男性意象而产生的失望与愤怒，也是女性不能区别自身的父亲意象和客观的父亲而感觉到的缺失不能弥补，其也会导致女性不能处理好和男性的关系。

并不是所有人都经历过异性面分离出来意识化的过程，男性中的女性倾向常常会被认为是懦弱的。女性的女性气质则认为男性倾向是入侵的、具有攻击性的。自性化的超越功能，允许人们获得与自己相对的性别，包含在自己的内在中，而不是在外界。男性与自己生理性别相对的另一半，可以让自己在适当的时候温柔下来，回到母亲的怀抱。女性的另一半可以给予自己男性特有的主动和支持力量。

---

① C. G. Jung. Mysterium Coniunctionis[M]. Bollingen：Bollingen Foundation，1916：34.

二、黏合的过程：意识和本能的连接

如上所说，一般来讲，人们的两种成分是分开的，是通过投射来实现的，而黏合之道，就是让本能出来引导我们，实现意识和本能的连接。

意识与本能的分离，在心灵的发展过程中是很重要的，没有分离就不会有意识产生。但是，分离得越远，本能对于意识的异化的危险就越难以忍受。在很多现代人的心灵中，这种分离趋近病态。想要调和这种冲突，就必须让意识和本能重新结合。

女性来访者玫瑰一度有抑郁的状态，走在路上觉得自己如同行尸走肉，不知道自己喜欢什么，感觉到自己有很大的潜力，却一直被扼住喉咙，很压抑。

玫瑰与一个男人在一起，后来他去厨房做煮鸡蛋吃，说即使这个鸡蛋有毒，也要把它吃掉。

梦中，玫瑰自己被意识的力量禁锢，反抗本能强大的力量，并感觉到异化的危险（鸡蛋有毒）。

在这个梦之后的两个月之内，她又接连做了四个梦，这些梦的主题非常类似。其中一个梦的内容是：

她知道她丈夫和另外一个女人有关系。她知道这个情况后情绪非常激动，梦里大哭起来，丈夫知道没有另一个女人会非常无趣，但是只能放弃。

其他的三个梦与这个梦情节类似，情绪也是非常强烈。梦中极其强烈的嫉妒和愤怒，表明玫瑰的无意识被激发了出来，伴随巨大的心理能量。

性，是典型的本能的象征。梦中情绪冲突很剧烈，她梦醒后心里却异常平静，像是大战了一场之后，一片安静。这种连续的梦，很明显地反映了本能被启动之后与意识之间的剧烈冲突，以及本能可以给生命带来愉悦却被意识拒绝的情况。

"希尔曼对于荣格的关于猴子的检查和它原型的关联，指出恢复兽性的重要性和不可思议的危险。……随着猴子一同出现的是,疯狂的矛盾情绪和天性的智慧,史前的人类最深的阴影,和他最高的潜能。"①

想要恢复人本身的生命力,本能能量的回归是必须的。很多古埃及神话中的人物是狗头人身,或者牛头人身。斯芬克斯之谜中,狮身人面的形象神秘又恐怖。"如果你睡着了就不会感觉到痛苦,而你没有。必须这样做,睁开你的眼睛看着狮身人面像,看着它的脸,让它咬住你,用千万颗毒牙咬碎你、吞掉你。"②当它咬住你时,你将会知道痛苦的滋味。如果说这些形象让人费解,这里我想加入一个来访者绒花的梦:

有三个士兵,中间那个士兵是狮子的头人的身体,朝我迎面走来。我很害怕,转身躲进了边上的房间,迅速把两扇门的门栓子轻轻地又很快地栓住。他们就在门外,我不知道会发生什么,躺在房间的床上,害怕地哭起来,越哭越伤心,摊开双手像个婴儿,哭着叫妈妈,妈妈。

因为情绪强烈,狮头人身的形象印象很深。她第二天还画了下来(如图3—3所示),体会到之前画画,脸上和肩膀手臂的细节一直都没法描绘,这一次画的时候却描绘出更多的细节了。在面对本能的同时,绒花不那么烦躁不安了,心里增加了很多面对细节的力量。来访者本人常常觉得自己没有真实活着的感觉,与人交往起来像是隔着一层,自己总有一种端着的感觉,仿佛放不下身段,也没法与人自然交往。

与本能的连接,让心灵最内在的空虚填充起来。不再需要迷信的幻想和超自然的东西替代地支撑这块空白。也就是说,带领我们的应该不是外在的榜样和幻想的英雄,而是内在的本能的力量。

这种形态很像古代埃及尼罗河。每年洪水泛滥的季节,尼罗河两岸的埃及人民都会暂时移居到开罗等内陆城市,远处冰山上的冰开春融化之后流到

---

① Stanton Marlan. Fire in the Stone[M]. Canada: Coach House, 1997: 90.
② Stanton Marlan. Fire in the Stone[M]. Canada: Coach House, 1997: 67.

图 3-3　来访者的画——人身狮面的士兵

下游汇聚成尼罗河的洪水,把尼罗河两岸的耕地全部淹没。等到洪水慢慢退去,原来的耕地上留下了洪水带来的肥沃的黑土壤,人们又都欢天喜地地回来耕种。洪水在破坏了原来划分好的土地的同时,也给了土地大量的滋养。类似地,心理分析也同样具有滋养和重生的意义。

洪水同样也具有淹没土地的危险,本能的能量有时和洪水一样,也会给人毁灭一切的危险感觉。似乎所有的人都会害怕原始本能。对于现代人来说,野人原型在现代社会生活中无处安放,与之对应的,原始本能越是没有空间,越是暗藏毁灭一切的危险。

在玫瑰的记忆中,她小的时候突然在路上遇到一个皮肤黝黑、头发有点长的男人。这个男人总是特别留意她,一直盯着她看。更令她意外的是,第二天她独自在窗前时,那个黝黑的男人突然出现在窗外,冲她胡乱地说了一通话,吓得她扭头逃跑，躲到没人看见的地方。

这个事情在她的记忆中鲜明地存在，多年以来，她自己也一直无法解释当时那种奇特的巧合以及惊恐的感觉。

之后，玫瑰谈起小时候被父亲打的经历，还有被父亲、爷爷和陌生的男性偷窥的经历，玫瑰回忆的时候还是感觉很委屈、很害怕。她逃跑的时候，总是会被父亲抓到。

保罗·库拉尔（Paul K. Kugler）在关于童年引诱的主题中提到："个人历史，心灵意象，精神病理学之间的准确关系仍然是个迷。"[①]童年记忆的创伤，是孩童早期的创伤性事件，是无意识的希望，还是自性试图整合无意识内容的意象，这之间的争论非常多。父母或者照顾者对于当事人孩童时期的性引诱、性侵犯的意象，以一种毁灭性和创伤性的形式存在，通过记忆在当事人的心里反复出现，表达了他从家庭关系中分离（也是意识从本能中分离）出来的愿望。一方面，孩童渴望与本能连接，以性的形式表达；另一方面，意识渴望远离本能，以这种被伤害厌弃的方式呈现出来。两者叠加在一起，便呈现出与异性父母或者照顾者的性引诱意象。

研究中发现了几类人都有这种性引诱的意象。"病人已经是在孩童的时候受到引诱和虐待的人，他们随后发展出分离的混乱来应对这个事实。"但是，也有很多病人并没有发生身体真正受到骚扰的事情。但是病人"孩童时期感受到虐待，因为不适当的窥视受到骚扰，处于家庭动态的影响之下，没有心灵的边界"。也有很多例子是成年病人，"由于他/她自己的混乱和痛苦"，无法排遣和安放自己的那一部分痛苦，借助引诱和虐待的意象，病人可以从身体上映射家庭更黑暗的一面。也就是说，他们也没有在儿童时期真正遭受过引诱和虐待。

---

① C. G. Jung. Empathy Psychology[M]. Translated by MeiShengjie. Beijing：World Publishing Company in Beijing,2014:45.

遭遇是不是真实发生,这要交给法官去判断。而对于心理分析师来说,将这种遭遇看成心灵的真实事件是非常有必要的。态度在此刻非常微妙,它正好介于真实与非真实之间。不论是否在孩童时期经历过性引诱的事件,当事人在感受上都已经认定其真实发生过。也就是说,其在感受上是一样的。因此,从这一方面来说,分析师应该像对待真实的经历一样对待当事人,不需要质疑事情的真实性,即使只是当事人主观杜撰出来的情境,其仍然像真实经历一样导致同样的心理创伤,需要被同样对待。但是同时,当事人感受上的一致也说明即使真的在孩童时期发生过这样的事实,心理创伤还是有被治愈的可能。也就是说,记忆中的创伤经历,分析师都要认真地对待,但也要相信它们的影响也可能像无意识的幻象一样被解除。

回到上面那个女性(玫瑰)的案例中,她记忆中关于陌生男性以及父亲的片段,有一些不可思议的巧合。仿佛是意象以男性的形象,以侵犯性的眼神、语言和行为,突然地闯入她的世界。有趣的是,在她成年之后,很多跟她以各种方式建立社会关系的男性,都会冷不丁地向她示爱,而她还是会像小时候一样,被吓得逃跑,装作不知道地躲起来。

她的经历留下了很多关于直觉的精彩片段。弗洛伊德曾说:"区别真实和情感的虚构是不可能的……情感编造的内在性需要能够渐渐使用外在的父母作为记忆的意象。"因此,治疗过程中,来访者对童年的记忆,是以周围的人和事作为内在情感的表达材料,治疗的目标也不是追寻童年某些事情的真实原委,它只是展开无意识世界的载体。"在1898年4月27日,弗洛伊德写信给弗利斯:'最后我给病原学的定义太狭隘了;幻觉的分享比我在之前想到的更加伟大。'"[1]

病原学的范围可以从实际发生的历史侵害扩张为侵害引诱的心灵真实。

---

[1] C. G. Jung. Empathy Psychology[M]. Translated by MeiShengjie. Beijing: World Publishing Company in Beijing, 2014.

当事人的记忆中除了事实,还有感觉、情感、统觉。内在的感觉只有符合条件时才会发生,而这个条件与兴趣有关。人们的某些活动能够引起好奇心和积极的智力活动,意识阈限这个高度活跃的状态一旦打开,就唤起心理能量。也就是说,当我们遇到能够调动全部心理能量的事情(即遇到所谓的感兴趣的事情)时,我们的意识库存会打开,并将这样的经历用记忆的方式储存下来。这种统觉和相关储存的现实材料相联系。对于人们来说,记忆中最深刻的事情,哪怕是创伤,也是与能够调动我们最多心理能量的统觉相关的事件。因此,它们是如此的难以忘怀。记忆深刻的创伤也因而成为启动心灵能量最全面的入口。

在弗洛伊德提及的俄狄浦斯情结中,本能冲动和父母意象纠缠在一起,有些人会将其应用于真实中,有些人只是停留在幻想领域。两者对事实来说极具差异性,但是在很长一段时间里对心灵的影响没有什么不同。

荣格也曾经写道:"经验告诉我们,幻觉像真正的创伤一样会对他们产生创伤性影响……我们大量的人经历了童年时期或者成年时期的创伤,却没有得神经症……创伤和其他事情一样,没有绝对的病理学意义。"[①]

主观需要在环境中寻找接近适合投射的客体,意识无法辨认客体和投射到客体上的意象,客体和意象被当作一个东西。但是客体除了与意象类似的性质,还有其他不同的方面。当意象与客体画上等号时,客体的其他方面就会伤害意象。例如,一个女人在当了母亲之后,过分认同母亲的角色,认为孩子所有对于母亲的需要都应该从自己这里得到,一旦自己显露出不符合母亲身份的部分来,就会陷入自我谴责。事实上,心灵中的"父母"根本不是真实的父母,只是一部分统觉中意识能够感受到的特质加上孩子个人的感受。将投射到客体上的意象和客体分辨开,是修复最初被客体伤害的意象的方式,也是童

---

① C. G. Jung. Empathy Psychology[M]. Translated by MeiShengjie. Beijing: World Publishing Company in Beijing, 2014: 78.

年的创伤治疗的第一步。

当事人提及"性引诱和虐待"的时候,伤害真的是在发生。此时,若分析师听的时候还有丝毫的怀疑,或者当作虚假的演绎来对待当事人,对于当事人的无意识生命来说,这如同自己正在被人虐待时旁边的人却不屑一顾,这无疑是更大的伤害,可能同时激发病人无意识的巨大愤怒,甚至导致其发生攻击行为。

以何种态度对待心灵事实引起的创伤在治疗中非常关键。不论心灵创伤事件在历史上是否真的发生过,都应该将其当作真实的事情对待,但是不应该留下印记。因为自性的特点是没有形状,像心理水银一样,形态不断地变化,而人很容易在接收到某些强烈的信息之后,加上自己的意见在意识里留下"印记",也就是对某人产生"成见",并且具有累积性。而来访者的自性因此被意识判断所伤害,不能自由表达。通常,人们会将这种需要意象化为父母,并且投射到外在客观的父母身上。人们希望自己是什么样子,父母都不会改变对待自己的态度。自性遇到客体父母意识的边界,便会躲藏起来。

玫瑰经历了一段时间的分析之后,有了接下来的两个精彩的梦。

一个梦是一个年轻健康的男性在水中游泳,还带着一个黑色的大的轮胎。

接受分析的时候她说,她小的时候有一次差点淹死在河里,最后是一只黑色的大轮胎救了她。在这种极端危险的情况下,本能的力量是可以出来帮助她的。此时她不害怕本能,外在的危险需要本能的力量相助。然而在平时她都害怕它。本能以男性和父亲的形象出现在统觉里,是具有攻击性和入侵性的,也是让她恐惧逃避的。梦里它(鸡蛋)是"有毒的"。而逃避的同时,她内心也一直有强烈的孤独感相伴。

另一个梦中,第一个梦里给她做有毒的鸡蛋的人再一次出现了,这一次他做的是玉米排骨汤,并且她喝下一碗。他还给了她一枚红色宝石的戒指。此时,她与本能的关系已经不是那么对立,毒鸡蛋变成了温润滋养的汤。

以下是她做梦之后接受分析时分享的内容：

傍晚我站在山顶，再看山上密林里，往上走不觉得恐惧，仿佛它是我的一部分。山顶上突然出现黑色人形。我告诉自己，现在我是醒着的，不想像梦里一样逃走。我静静地停在原地，再仔细看原来是树叶。此时我心里浮现一句话，想要不觉得孤独，只有本能是伙伴。

一直只有在危险时刻才会出现的本能，此时已经被启动，从无意识融入她的意识领域，渐渐成为平常生活中心灵的伙伴，她也开始从恐惧和孤单感觉到确定和安心。

三、咨访关系中的超越性功能

黏合可以通过本能与意识的连接而实现，而这个过程，也是在咨访关系中才能进行的。所谓两性结合的需要，不一定是身体的需要，更多是心灵的需要，而这一部分在咨访关系中正好可以得到实现。

孩童时期的性引诱的记忆，或者治疗中的性移情，也需要这种黏合来表达对被"救赎"和体验自性完整性的渴求。除了生殖需要之外，性的意义非常丰富。其中很重要的便是将分散虚弱的自我黏合起来；可以感觉到被需要、被渴望、被看到，或者是被仰慕钦佩的人拥有和抚慰，融入对方的情感世界；感觉到陪伴，不孤独；自己把握，有自尊；建立关系和区别自我边界；打破自我苍白的状态，恢复活力。其实，很多个案表示对性的渴望，希望被拥抱、亲吻和支持，有很多都是孩子需要爱的感觉，并不是性，认定自己是被爱的，增加自尊。而玫瑰园中描述的性爱，正是代表她心理上的这诸多感觉的集合。在梦境中的性爱场面，也正是代表强烈的客体需要。

在分析过程中，分析师像是个"空气一般的同伴"。当来访者重新体验人格的各个部分的时候，都可以感觉到分析师的存在，仿佛是发生过的开心的、伤心的、沮丧的、狼狈的、不敢让任何人知道的事情，在分析师的陪伴下重新经历一遍。与之前的经历非常不同的是,在整个过程再次出现的时候,来访者有一个能够满足自己需要的伙伴,在合适的时候可以得到响应。

常常在心理世界中压抑的自性出现时,会伴随性欲的解脱。此时如果分析师因为害怕不敢面对,会阻碍其觉醒。来访者感觉到被阻塞,会重复孩童时期的创伤,自己的需要被看作羞耻的、被拒绝的。或者产生愤怒,认为对方知道却装作看不见。性作为本能的典型表现又一次被否定和分裂。

此时,人们强烈的情感需要希望得到成年人的响应,稳定的"父母"能够帮助孩子消化这种情绪,给予其强大的支持,让其不会被自己强烈的情绪所牵动,陷入无力中。焦虑的父母,没有办法帮助孩子顺利地形成完整的自我,孩子感觉环境动荡不安,情感没有固定的地方存放,四处散乱。

在分析关系中,分析师和来访者的互动关系组合成了一个分析联盟。他们之间的互动和连通构成一个新的空间,自性蕴含在其中。自性总是在安全不受干扰的空间里与个体共存,一旦治疗师和病人有需要或者困难,会在空间里得到自性的响应。分析师在这个心理炼金术的过程中,就像是和来访者在一个共同的封闭空间里,来访者充分地被听到、被看到。就像玫瑰园中的两个人,彼此为客体持续稳定地存在,两个人共同经历一个重新成长的过程。心灵慢慢地融合。

有趣的是,融合的过程中,之前成长经历中未完成的事情,会在内心里逐个完成。以下这个例子很有说服力。

玫瑰小时候的一本日记,记着她暗恋的故事,结果被哥哥发现了,打算告诉妈妈。她一着急就把日记扔到了楼下,但还是很害怕哥哥会下去捡。很快就下雨了,她心想这下也好,雨水可以冲洗掉上面的字,这样就不会有人知道了。之后,她也没有去捡。隔了几天后,她再去看,日记本已经不见了。

因为被哥哥嘲笑,日记和日记上面的内容被当作羞耻,玫瑰不敢面对,不敢下去捡。直到雨水冲刷,她希望雨水洗刷掉上面的字和她的羞耻感。在她内心的想象中,日记本经过雨水和几日的太阳暴晒,应该被冲刷得干干净净了。

玫瑰以为这个事情只是小时候的一件小事,想起来觉得不安全和可惜,直到后来经历了一段时间的分析之后,她讲述了一个梦:

我在教室里,有人往楼下扔东西。我往下看,教师楼有一条小水沟,东西都掉在了那里。我跑下去,到水里捞,捞起来一些厚厚的字典和书。我又往右边走了一截,再捞起了一本日记本。我想,这个日记本我一定要收好了。

可见,在安全的治疗环境中,治疗师帮助来访者将之前没有遗失的和未表达的材料重新找到并整合起来,人格形成时缺失的结构得以重新建立。在来访者内心,一方面分析师作为客体关注自己,使自己充分地享受到被"宠爱"的感觉;另一方面,分析师在一个空间里安全的陪伴,使自己的自性有了一个安全的空间,慢慢地不再防御或逃跑。自性成为人们需要的客体陪伴的环境。"我恳求你,用精神的眼睛看着长着小麦的小树和所有关于它的环境,因此你能够让我们哲学家之树生长。"①

墨丘利就从原型的防御功能中释放出来,作为一种心灵盛况表现出它的真实任务。无意识材料用这种方法开始补偿意识自我的态度,无限地加深这个过程——就像荣格总是说他所做的,突然转化是摆脱之前繁重的要求。病人充满了感恩而不是苦难,或者发现了一个真正的心灵态度。

四、自然之光显现

经过长期意识与无意识世界的接触,意识与无意识的关系开始改变。黑色的外壳逐渐裂开,灿烂的光芒从缝隙中透漏出来。黑色物质的四周也围绕着灰色和淡黄色。这个有代表性的图像正是黑暗中显露出来的光芒,是炼金

---

① C. G. Jung. Empathy Psychology[M]. Translated by MeiShengjie. Beijing: World Publishing Company in Beijing, 2014:67.

术中著名的"自然之光"。压抑的阴影中,意识在发展。

图3-4是来访者绒花经历一段时间之后画的油画,她分析时的解释是,觉得有光从黑色的石头裂缝中透露出来。

图3-4 来访者画作——光

来访者在这幅画作之后的分析中说道,她感觉对规则不再那么抗拒和愤怒了,自己是需要规则的,对其有依靠的感觉。身上沉重的大山因此而变得轻松了许多。

第三节 新的自我形成

在精神婴孩形成之前,分析过程还处于随时可能失败的状态。生命的精华会被自身的各种欲望牵引到外面,用心理学的语言,就是投射到外面,同时把投射体当作自己的一部分,像害怕失去自己一样害怕失去投射对象。

这里的逻辑是,精神婴孩的形成需要投射的客体,但是也正是因为需要的客体,让精神婴孩的诞生受到阻碍。自然的生长中,不断与不同的对象化合、分离的过程,也是精神体不断凝聚的过程,化合之后分离不成,原初物质就完全没入不见了。就像金在亿万年中缓慢地与不同的元素结合,在此过程中,金很有可能依附于某种其他的矿物质而成了贱金属。

启动来访者的无意识,将其投射在客体上的心灵物质启动起来,就可以在与分析师营造的心灵空间中逐渐地蒸发、凝结、提纯、化合成完整的自性。无意识是无法表达的东西,自性化的内容大部分就来自其中的物质。尽管如此,通过情结、情绪、梦和意象等的心理分析方式表达,仍然可以让它不断地流出,直至凝聚起来。

在"精神自我"完全诞生之后,分析自性化过程虽然还没有完全成功,但已经不会失败了,心灵精微物质已经形成一个有血有肉的活体,不会再和其他物质掺杂在一起,已经是个独立的生命了。

下面是玫瑰不同时间的两个梦:

我肚子里有个孩子,已经有了人形。有人将手伸进我的肚子,掏出一把绿色的颗粒状的物质,孩子受伤了。还好他还在我的肚子里,还能慢慢地修复完整。

在第一个梦之前,来访者玫瑰说她跟朋友说内心的感受,说完之后总是很不舒服,有一种受伤害的感觉,但是还是禁不住想说。事实上,墨丘利已经感觉到受伤害,提醒她这样做会伤害精神的婴孩。

第二个梦:

一个朋友成了国王,我很奇怪,他是很有才气,但是成为国王也太意外了。姐夫也成了国王,还有一个美国朋友,他也是国王。而且还是东方人的样子。

有趣的是,在西方的"三王来朝"的故事中,西方圣人出生之后,东方的三位小王带着黄金、乳香、没药来朝拜,也就是象征精神的君王诞生了。

在心理学上,自性代替自我成为精神的国王。做梦的来访者分享到,她小时候有几次听到有人跟自己说话,却听不进去内容。从表情上,她发现此人对此很不耐烦。她自己也觉得很沮丧,怀疑自己有问题。为了怕错过信息,她就特别努力地听。抑郁症状爆发前,外界的信息不加筛选地全部可以听到,使其不堪其扰,常常很烦闷。

在上面这个梦之后不久,她偶尔发现别人说的有些信息,她听到了声音,但是内容却不会落进去了。她非常开心,感觉终于有了自己的世界,和一种前所未有的价值感。

同样在类似的阶段,绒花创作了一幅作品(如图3—5所示)。

图3—5 来访者作品——无题

强健的狮子身体与年轻女孩的头结合成一个整体。狮子与力量和勇气相关,也暗示了动物本能或者男性精神的力量支持和保护。来访者的女性气质,因为有了男性气质支持而不再压抑,从羞耻和恐惧的黑暗中显露出来。这个狮身人面正是本能和意识,男性气质和女性气质的整合。这幅画描述了分析过程中投射的回收、分离和化合。向外投射的内容转化为红彤彤的太阳热烈的能量。

来访者的个人体验上,价值观有了很大转变。其考虑的不是我这个样子是否合适,别人是否喜欢我,我是否符合外在的标准,我在人群中是否有优势;而转化成为我是否喜欢这个人、这个颜色,我想要什么、不想要什么。自我的参照客体是自性,不再是其他外在的。自性成为精神世界的国王,而自我为自性服务。用她本人的话来说,"原来我一直在讨好别人,为什么要讨好别人?我可以用我自己愿意的方式来对待别人和作选择。"并且与此同时,她自己能够感觉到亲人、朋友的温暖。然而,更加有趣的是,此时的她并没有把这些关系当作依赖的客体了。原来,不是身边没有温暖,收回投射才能感觉到爱。

总之,缺乏的时候表现为需要某个外在客体,多表现为父母兄弟姐妹,因为他们是孩子最早接触的环境;满足的时候也表现为感受到外在客体的支持,实际上并不是关系给予的。关系只是提供了一种环境,而来访者真正需要的是一直属于自己的"原初物质"。在分析中谈论关系以及其中发生的故事,并不是着眼于解决关系的问题,甚至是澄清其中的误会,而是通过谈论这些,将珍贵的心灵精微物质暴露出来。"没有意义的东西可能会离去,让我们落得只能借人际关系为安全依靠。"[1]

心灵世界的精微体状态是非常细微和个体化的,每分每秒都在变化。它们需要被关照到,得到及时的响应。一旦响应的时间拉长,感受上就是被抛弃和被忽视了。就是因为自身没有足够的力量支持,所以关照不了自身每时每刻变化的状态。就像母亲没有足够的力量关照孩子的需要。这样,无意识中累积下来的愤怒之类的情绪会越来越多。对于女性来说,会表现为不敢表达,满腹心酸,委屈自责;对于男性来说,没有表达的困难,但是会感觉到内心空

---

[1] James Hillman. The Soul Code[M]. Translated by Zhu Song. Beijing: The Commercial Press, 1997:80.

虚，浮于其表。男性气质给女性支持的力量，而女性气质给男性灵魂的充实。

而精神自我的诞生，在重生意象中，是雌雄同体的形象，即结合的象征。它预示着自身男性和女性的气质结合、互相支持和滋养。至此，它开始自发地自我滋养。

原初物质的状态从本能中寻得，到如今与之前的反应不同。例如，当面对失去的时候，自我也不会掉入价值贬低的深渊，自责懊悔，不会觉得这一切都是自己不好造成的，或者自己不配拥有，可以冷静下来分析失败的原因；被诋毁的时候，自我并不会自我贬低，反观到对方的需要。自我最终会消减为非自我，随着自我的一次次坏死，自恋不断减少，内在的价值感慢慢与外在客体脱离，成为像石头一样坚固的"绝对的价值感"，即哲人石。绝对的价值感，并不依赖任何有形的东西，它是活力和创造力的源泉，精神和物质都来源于此。

第四节　自性的红宝石

第三阶段是精神婴儿的诞生，第四阶段是婴孩长大成年，也就是不仅仅具备了精神生命，也慢慢具备了各种成熟的能力。

斯坦·马兰的《石头里的火》(Fire in the Stone)一书中提到了一个关于红宝石的梦。这里引用其中一个关于红宝石的重要情节。

梦里他在办公室看到一个美丽的异国女人，他对她非常有欲望。她的私密处有一个金色夹子做装饰，在开口处是一个巨大的红色宝石，因此他不能与她性交，同时，他也疑惑她是否干净，夹子让他想到了绷带和卖淫。

本能遇到意识，过于强大的能量让意识觉得不安全，意识不能马上让本能自性的能量自由地表达，意识即刻开始做出限制，于是在意象里便觉得不干净。意识和无意识的冲突下，将本能欲望过滤成不被允许的阴影，用不安全、不干净封存了本能的能量。斯坦·马兰认为，红宝石在这里是对本能的阻碍，也是个案童年的记忆。钱和性成为意识和压抑的本能的冲突点,"既是需要又是禁忌,创造了一个施虐受虐狂的位置,在这里同时阻碍和允许快乐"。[1] 在我看来,红宝石不仅是障碍,也是引导打开闭塞两边对立面的通道。

上面的个案玫瑰,她的梦中的红宝石是做成戒指戴在右手无名指上的。无名指的手指通常戴婚戒,是婚姻的象征。"神圣的婚礼"是著名的化合象征,也是典型的自性意象。"那并不是什么超越的和净化的,而是对主流物质更高贵的见解。"[2]逐渐融入本能的意识,慢慢成为王族的、具有价值的,如同红色宝石高贵和有价值。

值得一提的是,意象中出现红宝石,并不意味着分析过程的完结,或者最终自性的成熟。每一个阶段都不是截然分开的状态,而是同时存在的。它们在不同的轨道上工作着,各自显像。所以,出现第四阶段的象征并不意味着不再有第一阶段出现,也不意味着自性化的过程就结束了,它们常常是循环往复,甚至并行出现的。

第五节 "哲学家玫瑰园"心理分析解读

上文解读了心理分析的四个阶段,接下来,我们尝试揭示著名的"哲学家玫瑰园"所蕴含的深刻的心理转化意义,以使我们更好地理解心理分析的过程。

一、第一幅图:墨丘利喷泉——原初物质

喷泉中的水银,即原初物质。"所有不知道这个秘密的人都会犯错……因

---

[1] Stanton Marlan. Fire in the Stone[M]. Canada: Coach House, 1997:70.
[2] Stanton Marlan. Fire in the Stone[M]. Canada: Coach House, 1997:50.

为他们选择了人为强定而非纯粹天然的东西。"①纯粹的"天然",就是心灵转化的原初物质。而这种物质,会让人惶恐得要命。面对纯粹的天然,没有标准可以参照,像是进入没有光亮的黑暗。

二、第二幅图:国王与王后——化合的本能

他们两人穿着礼服,左手相握,右手拿着玫瑰花。此时双方关系仍然是带着伪装的。左手相握,代表隐晦的秘密,是与常理不相容的。"左手属于黑暗、无意识的一边……属于心脏一边,所有仁爱和邪恶的念头都由此萌生,人类本性中的道德冲突——在感情中体现得尤为清晰。"

人类的某些历史带有乱伦的色彩,从亚当和夏娃被赶出伊甸园开始,其就被认为是"较低"的精神禁锢在自然里。因为不能同自己结合,加上乱伦的普遍禁忌,他们就只能通过互相投射后替代性地结合了。遇到阿尼玛(女性意识)或者阿尼姆斯(男性意识)的载体,会体验到一种类似"着魔"的感受,大概这是无意识被激发的最好证明。

女性完全是她的阿尼姆斯的样子时,她会显得宽容、忍让、陪伴、随和、温柔、守护。但是一段时间之后,她的阿尼玛因为能量专注于阿尼姆斯身上而变得不够,感觉上出现被忽略、不被爱,她便开始不满、抱怨、生气。她的阿尼玛主动、表达、活泼,想要什么就要,想说什么就说。当能量转移到阿尼玛身上,却没有办法启动自身的阿尼姆斯,因为感觉不到阿尼姆斯的守护而变得胆小不敢,阿尼玛的活力展现不出来。

也就是说,因为自己的阿尼姆斯守护着别人的阿尼玛,所以女人常常觉得孤独、被忽略、被排斥;而自己的阿尼玛的活力也用来激发别人的阿尼姆斯,而使自己没有生命力,常常感觉到不快乐、没意思、没有方向,不知道该做什么。

---

① C. G. Jung. Empathy Psychology[M]. Translated by MeiShengjie. Beijing: World Publishing Company in Beijing, 2014:111-113.

最理想的形式,应该是自身的阿尼玛和阿尼姆斯形成互相滋养的回路,而不是投射出去,最为著名的乌洛伯罗斯蛇(衔尾蛇)很能代表这种意象。

衍生出的人类化合情结,是自身结合的演化,反过来也可以从化合情结中感受到人类无意识对自性圆满的本能驱动力。

蛇引诱夏娃吃下禁果,亚当和夏娃被赶出了永恒的伊甸园。它既是人类离开伊甸园的诱因,也是人类回到伊甸园的线索。蛇象征本能的纯粹自然,如果能够被接纳,它的能量会帮助它自发找到完成圆满的尾巴。但是,这条道路有很多岔路口,极易沉沦于欲望之中,或者被骄傲自大冲昏头脑,可能还会有其他的难以预料的诱惑和危险。

三、第三幅图:赤裸地面对

第三幅图的文字里有"投身于其中的人,必须抛弃傲慢自大,必须虔诚正直,具有深邃的洞察力,仁义爱人,微笑待人,乐观处事,谦恭有礼"等道德要求。[1]

这幅图中,国王和王后没有赤裸着身体,但是已经脱去了礼节性的衣服,一起在喷泉的水中,开始享受第三物质的媒介,共同存在于内在空间,还没有发生结合。他们的左手没有紧握,而是各自握着花枝的尾部,和握着花朵的右手形成一个"8"字形交叉的回路。他们这样赤裸坦诚地面对面,没有了礼服掩饰下必须是左手表达的秘密,直接握住花枝成了闭合的回路,"动物性本能以及原始的、或古代遗留下来的心理浮现到意识领域,不再被幻想和错觉抑制。……必须意识到他自己是他自身最大的难题"。[2]

在这个关键的步骤里,他们不需要在外在环境的掩饰下,掩盖自己的恐

---

[1] C. G. Jung. Empathy Psychology[M]. Translated by MeiShengjie. Beijing: World Publishing Company in Beijing, 2014:40.

[2] C. G. Jung. Empathy Psychology[M]. Translated by MeiShengjie. Beijing: World Publishing Company in Beijing, 2014:50.

惧。无意识中阴影的巨大张力,可能既具有攻击性,又具有吸引力,稍不留神就会被拖进去。一直被无意识掩盖的真相便赤裸裸地表现出来,那就是被意识压抑的真正的需要。这个结果会导致两个方面的结果,一方面是发现身边的很多事物不是自己需要的,有种陌生疏远的感觉,差距明显增加;另一方面,阴影的呼声被越来越清楚地听到,张力逐渐加大,显示为心理分析的火力逐渐地加大。一开始大多会到处寻找作为投射的载体。

经过一段时间之后,大的火力持续一段时间,张力会使这黑暗一团显露出轮廓来。就好像是在开天辟地之初,混沌的一团里,逐渐分出了天和地,慢慢地有了轮廓。在接下来的步骤中,给这个轮廓充入精神,它就有了自己独立的生命,为今后的整合提供了可能。

四、第四幅图:温泉中沐浴——开始融合

赤裸的国王和王后,同时浸泡在温泉中。这水中有他们需要的所有养分和原料,他们各自可以取得自己所需要的,在水里逐渐地获得大自然提供的养分,让其精神充沛。

这个过程还不是复活,而是沉入无意识。很多的梦境意象里都有乘船夜航的情节。古埃及的神话中,法老的太阳船也是经过了整整一个黑夜的审判之旅,才能与新的太阳一同升起。

五、第五幅图:在温泉池中融合——进一步融合

现代生活细节的无限务实性,使人的本能能量严重被压抑,象征、艺术、历史可以很好地弥补这部分缺失,它们往往也就成了现代人迫切的心理需求。"生理层面的结合是最高的对偶融合的象征。"[①]图中赤裸裸的性爱场面,难免

---

① C. G. Jung. Empathy Psychology[M]. Translated by MeiShengjie. Beijing: World Publishing Company in Beijing, 2014: 88.

让现代人觉得难堪,而这正是很多艺术作品的表达形式,即用最真实的形象来表达人类抽象的心理意象。直接的本能能量和象征的生活和表达,恰恰是一个整体,或者说两者来源于同一个地方。本能、艺术、象征,每一步的展现都是从自性中透露出来的能量,因为意识力量以及接纳程度不同,它可能卡在某一个阶段,无法继续,"便成了自然过程的一种模拟,这种模拟的出现让整个生理和本能领域得到解脱,不再受到无意识的压迫"。[1]

六、第六幅图:死亡

"死亡"阶段,图中有两个头一个身体,这意味着原来建立在旧的客体关系上的自我结构瓦解、腐烂,新的客体关系建立,新生命的种子出现。投射,就是精神黏着到外物或者某人上面,突然从被投射物和人身上剥离出来,感觉到无处安放,此时身体感觉是寒冷的,处于"死亡"的阶段。

不论人们如何,都只是本性中的一部分,另一部分一定会以"死亡"为代价不期而遇。"与集体无意识的相遇即是宿命,但自然人在其突然降临之前都毫无预知"[2],另一部分本性,是被欲望所掩盖的。逐步面对自己欲望的过程,就是心理一步步自我"死亡"的过程,被自己的欲望"吓死"。而灵魂,正是在这些不敢面对的欲望面前,一点一点地丧失。要找回灵魂,面对欲望经历"死亡"是无法逃避的。

在这个过程中,自己会得到很多新的意识内容,尤其是对自我的认知。甚至发现,人生的经历其实不只是一条冒险的道路,还是不断揭开误会、看到意识盲区的过程。发现自己误会了自己很多年,荒唐可笑。"他意识不到他的本

---

[1] C.G. Jung. Empathy Psychology[M]. Translated by MeiShengjie. Beijing: World Publishing Company in Beijing, 2014: 90.

[2] C.G. Jung. Empathy Psychology[M]. Translated by MeiShengjie. Beijing: World Publishing Company in Beijing, 2014: 97.

能有多么想要获得高水平的意识觉知。"①如果人们自己具备觉知的能力和愿望,那么周围的环境和人的反应,是给予意识觉醒的礼物。大自然和个人的意志和能力两者兼备,"这种渴求才会始终停留在纯粹自然的象征层面,使追求完整的本能得以保存,而不会产生什么副效应"。② 在我看来,这种副效应,相当于药物的副作用,将任何一部分投射过分认同,从而阻碍了完整的本能。

无意识是客观存在的,在被激发的情况下真真切切的被感受到。

七、第七幅图:精神上升

心灵袒露在外面很明显的人如原始人,很容易受到惊吓和攻击性的威胁。猛然地出现,或者是想要进入原始人的领地,就是入侵他的心灵,马上逃跑了。它一旦显露出来,像容易受惊的小鹿,如果没有保护,便很快消散掉。"他必须包含在水中,他的矛盾天性与墨丘利的天性相应……水必须汇集到一起,用以火的形式存在的真水将其牢牢束缚住。"③想要留住灵魂,意识和无意识之间"爱"的吸引力必不可少,就像是实验中持续不断的火力一样,将神秘物质留在封闭的梨形瓶内。同时,意识的力量也必不可少。分析师作为意识的代表,在一旁给予来访者关注和守护,同时分析师能够适宜地给予来访者意识的强化和肯定,这也是很关键的。

男性部分(阿尼姆斯)一直在寻找与之相配的女性(阿尼玛)形象,内心呼唤"你在哪里,我的精神缪斯"。而女性则需要阿尼姆斯的保护,才能够将阴性的部分展露出来。她们的潜台词是:"保护我,不要侵犯我。"在彼此的展露过

---

① C. G. Jung. Empathy Psychology[M]. Translated by MeiShengjie. Beijing:World Publishing Company in Beijing,2014:86.
② C. G. Jung. Empathy Psychology[M]. Translated by MeiShengjie. Beijing:World Publishing Company in Beijing,2014:59.
③ C. G. Jung. Empathy Psychology[M]. Translated by MeiShengjie. Beijing:World Publishing Company in Beijing,2014:89.

程中，人们开始意识化的过程。男性部分在勇敢无畏之后，有了细腻的情感，而女性部分逐渐获得了勇气和安全感。

　　火力如何把握也是有技巧的。古埃及人确实从祖先开始就有朴素而又神圣的智慧。尼罗河是他们的母亲河，之所以这么说，是因为每年到了一定的时间，尼罗河便会开始涨水泛滥，将河水两岸的农田淹没。在如今的社会看来，洪水似乎不是讨人喜欢的事物，人们总是用"洪水猛兽"来形容不好的事物。但是，在古代的埃及，人们可不是这种态度。每到洪水泛滥的时候，人们便会在远离河水的地方生活娱乐一段时间，等到河水退下去后，河两岸露出从山上冲刷下来的肥沃的黑泥土的时候，人们就开始快乐地耕种。这肥沃的黑土地在耕种季节，足可以生产出全埃及人全年需要的粮食。

　　在和无意识打交道的时候，分析师或许可以借鉴古埃及人和尼罗河之间的关系。无意识可以带来大量丰富的肥料，可是当无意识泛滥的时候，需要我们适时地让它有段时间自己完成一个过程，而意识需要休息一下，不能紧紧相逼，否则会适得其反，被泛滥的洪水吞没掉。万物皆有生息时节，人的心灵也是如此。对无意识大可不必惊慌失措，如临大敌，但是我们也需要小心把握自己无意识潮涨潮落的规律。所以，分析过程需要耐心和毅力，要自己把握什么时候开始，什么时候停下来。最恰当的火候，只有沉浸其中才能了解。

　　图中的小人，正在升到空中，描绘的是国王和王后融合后的灵魂，很多地方把它描绘成"矮人""侏儒"，"意味着灵魂正逐渐发展成皇族之子，成为不可分割的、雌雄同体的第一个人类——原人"。[①]

　　要提到的是，很多飞翔的意象偶尔出现在来访者梦中。灵魂确实是充满生机和生命力的，分析师也需要在合适的时候支持精神的生华。但是，它并不是真实的。没有此刻还未经历面对阴影的阶段，并没有在土壤里牢牢地扎下

[①] C. G. Jung. Empathy Psychology[M]. Translated by MeiShengjie. Beijing：World Publishing Company in Beijing，2014：129.

根基,此时出现飞翔的画面,反映的更多的是来访者远离病痛的渴望,以及短暂的体验上升的感觉对生命苦难的补偿。

八、第八幅图:净化

经历了面对阴影的黑暗旅程,终于见到阳光,净化的过程由此开始。带来神圣和智慧的水,让意识的力量增强,黑暗被"意识化之水"冲刷干净,由无意识附加在投射物上的种种扭曲的理解渐渐剥落,将束缚在原始本能中的无意识的黑暗腐朽能量解放出来,纯粹天然的精神显露出来。雨露的感觉像是大雨后吹着凉风的天气,清凉新鲜,在很多时候,它会人格化为一个或者一系列女性形象,像春天一样丰富多彩、温柔细腻、明媚美丽。她像是白色的月光,让世上所有的珍宝都黯然失色。

九、第九幅图:心灵归来

"心灵的回归",重新注入净化后的身体。精神之水从天上飞下来,棺材里是国王和王后的尸体,也是复活的载体。这与古代埃及文化中对尸体的态度意外地吻合。古埃及人认为人死之后,灵魂"卡"在地狱接受奥西里斯的审判,保存好尸体可以让灵魂得到重生。

人们从小都有幻想,围绕这个幻想积攒了人们大多数的能量,形成自我,得到与之匹配的外在环境和生活,而我们的心灵却被囚禁在里面。于是,人们看到的世界都是建立在这个幻想之上的。终有一天,人们可以面对它,随着幻想的死亡,我们的心灵才能从里面解放出来。等到再回归时,人们才能够真实地体会到万物存在的纯粹的快乐。

很多心理意象中出现的伴侣不是一个真的人,而是能量具象成的一个人。如果没有个体精神注入,个体不会具有生命,也就不具备个人的独特性。

"图中十字代表痛苦,表达了实际的心理状况,背负十字架就是恰当的整体性的象征。"[1]人类心灵自相矛盾的本性,就意味着冲突是人类的属性,看起来似乎是永恒不变的痛苦,却也是转化和新生的道路。

十、第十幅图:新生

"重生"是自我与自性确立确定的客体关系。图中是雌雄同体的形态。在很多文化中都出现过同时具有男女生殖器的雕塑和木偶,使人们迷惑不解。

"在精神之下,物质的二元性隐藏着第三种物质。它就是神圣的婚礼的结合。中间的物质持续至今存在于所有物质里,分享着它们的两极。没有它的话,它们就不复存在,没有这个中介它们也将不再是它们了,一来自三。"[2]

---

[1] C. G. Jung. Empathy Psychology[M]. Translated by MeiShengjie. Beijing:World Publishing Company in Beijing,2014:122.

[2] C. G. Jung. Mysterium Coniunctionis[M]. Bollingen:Bollingen Foundation,1916:110.

第四章　心理分析治疗案例

第一节　见风长大的依兰

30岁的依兰考到离家很远的大学，毕业后没有选择回家乡，而是独自一人在外地工作生活，毕业8年一直非常努力工作，未婚，也没有男友。她来接受分析时，状态非常糟糕，已经请假不上班了。在这之前为了自我治疗，她参加了两个心理小组，持续了一年时间，但效果还是不明显，她看起来憔悴而虚弱。

依兰：我的工作性质总是要跟人打交道，我觉得我总是在讨好别人，不想别人不喜欢自己。我现在是每天都要哭一场才能去上班，很多时候没有了激情，怎么打鸡血（精神激励）都没有效果了。我的睡眠最近很差，只能靠喝咖啡撑着。

她说起和母亲的故事，就哭红了眼睛，感觉到她心里有很多委屈没有表达,她的真实想法和感受与表现出来的状态不一致。依兰形象思维能力很强,很多时候她可以用意象表达自己。

依兰:在一个很窄的地方,没有地方可退,左边是高山,右边是悬崖。我是《古墓丽影》里的女主角,身上没有任何物质的东西,觉得也挺好。曾经我做过一个梦,梦里我要参加马拉松,但穿着很重的皮靴,肯定跑不动,而且什么衣服装备也没有带。

在做意象分析时,依兰说皮靴把小腿包得很紧,不轻便,有种被拴住的感觉。联想中,她回忆到考大学的时候,为了考到更远的地方,她在被子里都在做题。她总是要满足妈妈的心意,感觉不自由。即使是这样,读大学的时候,妈妈每天都要和她视频。她的QQ头像也不能随便换,生活费多了会被妈妈骂。甚至周末睡个懒觉,她起来后自己都会深深自责,觉得自己不对。依兰想跑,但是被拖得迈不动脚,自己什么装备都没有。从这个意象可以感受到她为什么会这么累,没有动力,自己也没有真正发展。

一、被忽视的内心

依兰觉得自己有两个人格,一个是强社交的女孩,比较向外;一个是孤独的男孩,需要独处空间。她觉得应该让那个孤独的小孩活出来,好好享受独处的时光。她觉得自己是往外漏的。

依兰:我想一个人过年,不回家。我可以给自己做饭,自己看看书,晚上跑步、看剧。没有人打扰的真空时间,想想就很棒。但是我从来没有过这种时间,回家得陪着父母走亲戚,总是被各种事情打断。

现在看书的时候,她时不时会想起自己和家人朋友的关系,和妈妈的亲密关系,看书的时间也不是完全属于自己的。开朗的那个小女孩遮盖着小男孩,假装他不存在,女孩难过的时候会感觉到他,但是如果关注到他,开心的人设就没有了,就不会被人接受,只剩下她一个人了。

男孩怕被人拉出来出丑,只有确定环境是友好的,他才会出来,否则他就觉得是敌意的抵触。有女孩这样的朋友,他感到很安心,不怕失去女孩,又可以做自己,因为女孩一直就知道他的样子。如果角落里的男孩要交朋友就要洗干净,但是和女孩在一起他就可以不用改变自己,因为不管女孩接受还是不接受,他就是她自己。

从这样的描述可以看出,依兰向内心探索的需要呼之欲出,多年的工作性质让她觉得忽略了内在,她对自己内在的精神世界观照得太少。依兰表现出来的虚弱症状,正是内心"小男孩"长久被忽略、狼狈、羸弱的外在体现。

二、红色的气球

依兰跟妈妈打电话说过年不回去,她心里的一颗石头终于落了地。打完电话后,依兰才发现自己很需要妈妈。她从来都是从为妈妈考虑的角度来活的,讨好她,怕失去她。她这才发现,自己是以一个非常低的姿态在和人交往。她在人际交往中花费了很多心思,却没有真正地连接。实际上,她没有从自己的角度来与人交往,只是虚拟地站在妈妈的角度来活。

依兰:我没什么力气了,不能装了。意象里,地上铺了一层薄薄的土,下完雨之后有点脏,像是在孕育着什么。我在找心里那个孩子,找得很着急。我有时候晚上想要个什么东西就马上去买,不一定要用,但是就要买来放在那里,我脾气又急又大。

依兰从小一直缺少自己的空间,考的大学离家远,工作也不想回家乡找,实际上她想有自己的空间。但不被人打断不是问题的关键,关键是依兰感觉自己还归属于妈妈,联通一体的状态像是打开的门没法闭合上,所以她没法回归在自己的角度生活。

依兰:我和人说话的时候,像是掉进了一个棉花堆里。我跟人说话的时候,常会被人打断,或者不被人听到。

依兰在形式上是一个人生活,但是在精神世界里却没有真正独立存在。其没法独自存在可能有一些深层的原因。

依兰:我在生活中自己喜欢的团体解散,和好朋友奔赴各自的生活,都让我很痛苦。我记得考中学那会儿,因为没有考好,担心父母不接纳自己,担心他们觉得我不够好就不要我了。我与别人混在一起就感受不到痛苦,如果分离留下独自的自己,我就必须直面那个不够好的自己。

没有办法面对自己的不完美,保护全能自恋的方式之一就是和别人共生,貌似可以回避自恋打击。

依兰:我不是属于我自己的,一旦有了挫折,自我便没有地方安放。其实别人也会有各种状况和情绪,没有谁与众不同,差别只是在有些人有地方安放自我,有些人没有罢了。

意象里,我觉得自己站在土层上,土下面有个红色的皮球,皮挺厚,里面是用气撑起来的。有一次考试没考好,妈妈生气地关掉我的房间灯,黑黑的房间让我很害怕,从此之后,我就只能扮演一个强者,感觉背后是空空的没有依靠。直到现在,我一有力气就想去吹那个气球,在坑里待着的我就像是没手没脚,拿它们去换了气球。

妈妈没有办法容纳她的情绪,因此她没有在体验里经历过在挫折和失败时可以被接纳的感觉,可以说在感觉的世界里,那一块地方没有被开辟过。在受到负面冲击时,力量只能够反向冲击她自己。她没有办法沉下来学习,强撑着自己讨人喜欢。从外在看来,就是她一直是"不能有弱点"的。手脚象征着人的自我,人们可以自己到想去的地方,做想做的事情,这是自由和权力的表现,"没有手脚"则是牺牲了自我的自主性,拿去换了气球。人们常常形容说大话、浮夸掩饰为"吹气球",这梦里的意象很直观地表达了她把自我的自主性和自由拿去换了虚假的"强大自我",现实中就是用来为妈妈脸上贴金,让对方开心了。可见讨好的代价是牺牲自我的发展,但是这种"强大"就像气球一样吹弹即破,如果遇到生活中的挑战或者困境时,便不堪一击。

说到红色的球,她说上幼儿园的时候,她知道妈妈喜欢红色,她就什么东西都选红色的,直到妈妈问她为什么不选别的颜色,她才醒悟可以选别的颜色,她连自己喜欢什么颜色都不知道。还没有把自己活出来,就已经把父母给加了进来。她表示,她这么做是为了迎合父母,让他们高兴。红色,是血液的颜色,生命力的渴望。

要打破全能自恋的困局,走入真实的生活中,需要进入社会历练,既撕破完美的面纱,又能够在这一过程中慢慢地学会接纳各种不完美带来的情绪,这个过程需要心理容器。如果父母可以给孩子自我探索和成长的空间,他们就可以慢慢地将自我呈现和发展起来,但是如果没有,则很难达到开化发展的效果。成年以后如果需要重新回溯这个过程,心理分析提供自由且被保护的空间就可以充当接纳和陪伴的容器,允许她重新发展自己。

三、自己的颜色

依兰开始分析后的一段时间做了很多梦。

依兰:第一个梦里,有个人拿刀子挟持我,我不是太害怕,挣脱了。但是,他崩溃大喊:"人家都有自己的颜色,但你没有!"

第二个梦里有僵尸。我之前也会梦到,拿手边的东西反抗。但这次梦里其中还有活人,我走到营地里,是长方形的一个个小格子,我在里面走,发现里面有个小婴儿,我觉得是我的。

第三个梦,爸爸把邻居家的房子租下来住,我先去看看,发现他家和我家一个样子。进了厨房,煤气在烧水关不掉,录音机也关不掉。

厨房里关什么都关不掉,她觉得做什么都不对,找不到对的阀门,自己很着急。自己最近对努力的事情不感兴趣,像蜡烛烧到最底部,只差一点点就烧穿了。她说不知道该做什么了,希望能有人安排好一切,自己不用付出,想要

"不劳而获"。

分析师：蜡烛一直烧到了底部，你努力付出的是什么呢？

依兰：我付出的是热情、努力、正向的东西。我得到的是一颗糖，一次性说拿走就拿走的东西。它像是虚假的繁荣，一种自我满足的东西。

之前，她看到地面上的东西觉得受用，但实际上是站在气球上，一爆就会掉入坑里，没有真正站在地面上。她为了让别人高兴而去努力，得到的回馈也是别人的态度和情绪，并不是从自己的主体出发，她自己并没有实际得到什么，所以梦里才会有"你没有自己的颜色"这句呼喊。别人眼中对她的喜欢，像是虚假繁荣一样，是虚幻的自我满足。

依兰说，梦里那个拿着刀子的人，就是气球。她拒绝他，只要是不给他吹气，就不会再继续被气球伤害。而在告别他时，她被提醒没有自己的颜色。她不想再陷入假象，交换回来的自己，是很虚弱空洞的，气球爆不爆自己很难把控，因为别人的态度是不稳定的。依兰想让自己的手脚长出来但还是着急，急着吹气球的习惯还是存在的，长期下来似乎已经成了本能反应，不假思索就往吹气球的方向去了，还不习惯用手脚去做点什么。

说到梦里关不掉的开关，她说自己像是待在果冻里，外面的声音听着很小声，看又看不清。她割掉了自己的手脚，想献给别人，导致自己不能走在大地上，不能独立生存。实际上她是在表达自己的努力和付出都用在了讨好别人上，却没有增长自己的生存技能，就像前面梦里那样，她参加马拉松比赛自己却没有装备，没有办法自我保护。开关关不掉，自我的功能不足以控制外界的实物，说话也容易不被人听见，仿佛是声音根本传导不到现实频道里。

四、意象中的"第三者"

依兰画了两个梦。图 4-1 的画中间的"人"是她，但是是个男人 A。左边银色的是她新认识的喜欢的"小三"B。图 4-2 的画也类似，是一个男人去找喜欢的人，打斗中把 B 关进了右边棕色的房子里，门口还插上了一把刀。A 去找了原来的伴侣。

图 4—1　依兰梦的画作（其一）

图 4—2　依兰梦的画作（其二）

依兰:我最近很乐意去做社交,去工作。我静不下来,一件事接着一件事,完全把时间塞满。我以前写手账,快到安排的时间就会焦虑。那个锁在里面的女孩B,我希望先放她出来。她的生命力弱一些,但是她能淡然面对。在工作中,我不允许自己难过,也不允许自己有负面情绪。但是B就可以允许我有情绪。

她说,这周她把自己填得很满,想把小三"关进去"。因为"小三"破坏了她辛辛苦苦建立的设定,那就是自己什么都很强,什么都可以自己做,不需要别人关注,是个全能的"强者"。

第一个梦里,"小三"很自信,她不用做什么就知道他会去找她。第二个梦里,天气很好,绿色的环境里,男人打赢了"小三",被关进了房间里。梦里的角色形象,也从黑色的变成白色的。

其实,这梦里的"小三",是一种心灵意象的表达,依兰被她的超我严重压抑的本能本来就呼之欲出,在这种情形下找到心理分析,而分析激发了她的本我出现。但是本我的形象因为压抑过久,已经不太熟悉。自我把她识别成吸引自己但是不被"超我"接纳的对象,该意象就呈现为意识可识别的性质类似的"小三",这里的名词没有道德判断的含义。从这里也可以理解意象的含义,如果用字面意思和日常思维解释意象的名称,或者做出道德判断,就会离真实含义越来越远。

梦是意象表达非常明显的领域,梦里的角色从黑色变成白色。因为"本我"的出现,自然和"超我"成为对立的力量,搏斗的过程中,斡旋者"自我"的力量出现且迅速增强了。这种局势改变了"超我"过大的情况,一直强大的超我会过度地压抑依兰,使她的超我被压制的同时产生内疚情绪。于是,在力量的博弈中,为了不让"本我"力量成长太快,"超我"开始了猛烈地反扑,现实中表现为在工作中她投入更多的时间和精力。

依兰很害怕这个时候分析师放弃她,觉得她可以正常生活了。因为,此时她的"本我"还处于力量微弱、很容易被扑灭的状态，如果没有分析师的支持，也许又前功尽弃了，甚至"超我"会因此变得更加强大。

依兰：妈妈喜欢囤东西，我自己每周都要大扫除，把各种废品废纸扔掉，只留下必需品。我的很多东西都是父母觉得需要的，其实我需要的只有其中的百分之五，我不喜欢囤东西。

我想过的生活，是自由的，可以允许尝试，可以犯很多错的生活，很有意思，对事情不恐惧，有安全感，有空间。

五、自己什么都做不到

依兰想跟父母说，自己什么都做不到。

依兰：我做了一个梦。在一个病房里，上面是女骷髅盖着被子，靠着镜子坐着，我在梦里5~6岁，我看着这个女白骨，觉得它可怕、没有希望、邪恶、没有名字。

她说，她小时候看了一些电影很吓人，里面有骷髅。她睡觉的时候非常害怕，但爸爸不能体会她的恐惧，反而很严肃，随时都是板着脸的。她总是要讨好他，不知道他怎么才会高兴。她面对爸爸很紧张，不知道跟他如何相处，也不会和别的男生相处，就只是跟他们竞赛比较，看谁厉害。

分析师：现在你看到骷髅什么感觉呢？

依兰：一开始我很害怕，但后面又觉得有些可怜。像是蛇蜕下的皮，它留在过去的那个地方了。

曾经恐惧无助的小女孩，已经蜕变长大，哀悼过去，但是自己已经不是原来的自己了。她不想在不愿意做的事情上花精力了。

爸爸给她介绍了一份稳定的工作，但是她看了看信息，表示不想去。爸爸听后，说了很多不满意的话。她都觉得憋闷得快喘不过气来了。原来父母有他们想要的结果，她的感受不能被理解。

依兰：我发现自己是在对抗中长大的，是有毒的。我并不是怀着美好，而是有恨意。我不想用对抗的态度做事情了，为什么不能是美好且充满希望地去做事情。

她选择学校是为了离家远一点，选择职业是为了不选择父母要她选择的。他们的意见，是以保护的方式来为她铺路，但是她更向往从底层做起，自己去探索和经历这些。

对抗得久了，都不知道自己的选择是不是自己想要的，还是只是为了对抗。像一个人在大草原上，不知道要去哪里。秋天的草有点发黄，没有避难所，什么也没有，也不知道自己该干什么。

依兰：想要长出来的自己还是小小的，没有什么积累，需要沉下来，更加冷静，面对自己的很多无能为力；压制和对抗前者的，是急着证明比别人强大的那个自己。两者在对抗。

不知道该去干什么的感觉，让她没有在惯性的"对抗"轨道上继续向前滑行。没有了对抗，那么如何做选择和决定呢？就像是一个总是习惯和人对抗的人，突然没有了对手，那她该做点什么呢？这会让她陷入迷茫，但是也让她有了思考的机会。她想要找到真正喜欢的感觉，一点点慢慢地深入。

六、不适应的焦虑

依兰最近很忙碌焦虑，觉得自己没有长处，感觉很空虚，没有什么新的东西吸收进来。她问自己："我可以没有成绩、无聊地活着吗？"

读《自卑与超越》这本书，她做了连续四个梦，像是连续剧。第一个梦是初中的时候她被追求；第二个梦中她在谈恋爱；第三个梦中她怀孕了；第四个梦中她的孩子长大了，有东西砸中了他们夫妻，只剩孩子一个人生活在世界上。

依兰：我不愿意长大，老是扮演小孩，不愿意承担，总觉得错不在自己，选择逃避。

她开始承担的第一个责任,就是思考自己到底喜欢什么、想做什么。不是在对抗的情况下思考,那个责任已经不是父母家人的,而是完全取决于自己的,没有别人的干预,因此,这也就意味着思考的结果是自己要负责任的。这对于从未如此思考的她来说,是不熟悉的频道,难免会引发焦虑,她看到自我的世界其实是空空的,所以感觉到空虚,认为自己没有什么长处。

七、害怕被抛弃 却是在分离

父母跟她说家是港湾,是后盾,但是她情感上没有感觉到,她跟父母聊天之后没有感觉有力量。反而是在她自己想做什么去努力时,或者与女性朋友聊天聊未来的时候,她会有被看重、不被怀疑、被相信的感觉。

依兰:梦里我与父母去了迪士尼攀岩,爸爸先上去,妈妈也上去了。他们回头看我一眼,我不敢动。爸爸问要不要来接我,我说不用,后来自己爬上去了。

小区里的游乐场,她有很多记忆。中学进了天文社,一边听课,一边看星星,是很放松的地方。

她表示,攀岩的过程中没有什么可以扶的东西,自己就不想爬了,当时觉得再往上爬就会摔死,特别害怕。做孩子挺开心挺放松的,但是如果要像成年人一样自己爬,就感觉很害怕,觉得自己不能生存。在这个孩子心里,没有可以作为扶手的东西,就像是没有人帮助,不相信自己可以做到。

依兰:我感觉我和爸爸妈妈在不同的泡泡里。

她不知道父母的世界,父母也不太懂她的想法。她既没有妈妈的状态,也不是爸爸的样子。在意识里她会感觉自己没有办法像他们一样,例如一定要稳定的工作,一定要在合适的年龄恋爱,否则会担心自己是不是能生存下来。同时,如果像他们一样生活,又觉得会很不愿意,不想这样。其实,人们往往被身边亲近的人影响,觉得要是这样才是活着的标准,那么自己很难符合。但实际上每个人都可以有自己的活法，可以依据自己的个性和喜好有所创新，这样看生存也没有那么可怕了，自己去尝试也没有那么难，反而让人有些期待从零开始。当然，意识里认识到和实际能够适应和做到还是有一定距离，需要勇敢地尝试，用一点点累积的经验说服自己树立信心，慢慢探索出自己的道路来。

八、外面的世界好恐怖

依兰表示，严厉的父母让她没有办法完全放开地去生活。她总是在迎合他们，但是和男性打交道的时候她是没有自信的，她觉得害怕、紧张。因此，在见客户的时候，遇到高端市场的男性客户她就不敢去碰，恐惧见客户。从小妈妈就告诫她，外面有很多的危险，她感觉男性就代表外面的世界，他们也一样让人恐惧。

她有几天昏昏沉沉地睡着，做了几个梦。

依兰：我梦见自己去参加一个活动，结束之后想找出口，有人来赶我走，但是我找不到出口。一个灰色的楼梯黑洞洞的，走到酒店厨房又找错了退了出来，看见两个男明星在比划，让我做裁判，可是我只想下楼，觉得很焦虑。

另一个梦是在公司附近的商场，有曲某某的店，我却怎么都走不进去。店里面卖炭火，很热，人很多。我绕了一圈又回来，绕来绕去还是找不到入口，也是很焦虑。

在分析过程中，依兰表示，曲某某是很日常的买日用品的地方。跟周围的店对比，这个是她比较熟悉的。联想到她现在的工作，工作内容都是很熟悉的，但是比较细琐、碎片化的东西。在新课程学习中，老师教思维导图的使用。但是，它只是个方法，并不是目标。销售工作要的是企图心，新的技能会随着企图心填补进来。但是，她现在没什么企图心，飘忽不定，没有以前那么在乎输赢了。在身体和工作之间，她果断选择休养身体。她自己想看书、做笔记、看电影。她想探索一下，不是为了对抗别人，而是探索自己一个人生活是什么样子的。

她明显感觉到,在这种状态下,她感觉不知道该往哪边走,原地打转地做熟悉的事情,看不同人的生活和思考方式。比起周围人,她更愿意看与自己不相关的人的生活。

依兰:其实是我不自信,觉得自己参与生活会出错被人嘲笑。所以,我不参与生活本身。梦里到处都是炭火,我不熟悉,很慌张。

依兰对真实的自我参与生活没有信心,生存策略一直是讨好卖萌,或者竞争比拼,要的是虚假的繁荣结果,不能接受不美好的成果。孩子般的全能自恋禁锢着她,使她不能在真实的世界里自由探索。梦里她害怕参与,或者想参与却不得其门而入,焦虑不安。

依兰:我脑袋外面像是套着一个巨大的果冻,很压抑,走来走去都冲不破。果冻是透明的,粉色的,软软的。她自己给自己套了这个果冻,扔不掉,它很大,外面一切都感觉距离很远。在果冻里面,我想把头伸出去呼口气,待在里面很闷热,脑子也不清醒,像在阳光下暴晒了很久的那种闷热。

她在分析中表示,有两种选择,一种是与外界隔离,能够感觉到自己的注意力没有那么分散;另一种是充分地暴露,那样注意力分散到周围,自己四分五裂,感觉自己镇不住(自我是弥散的状态,没有主体),害怕被人嘲讽,畏惧,更加不敢放开。

她想做一个不在意别人看法的人,这样就可以伸出手脚,想听到自己的声音,感知自己实实在在的存在,非常关注自己,可以把它关住不让它飘走。但是,自己本身没有那个定力,外面一旦发生什么她就像游乐场的孩子一样跑过去看,没有主见似地不断迎合,谁有道理就听谁的。自己没什么想法,想做什么、到哪里去只由当下哪里好玩决定。

依兰:我背后有一双眼睛,感觉上这双眼睛的主人是老虎、豹子,或者是领导和长辈,他们会在我得意的时候使我乐极生悲,世界那么大,你还什么成绩都没有，比起别人差远了。

这样的意象给了她一个悲情剧本，无论怎么努力，最后结果都不会好，总是做不到。她仿佛被无形的大手压住，做事情需要支持，力量投射到外面，没有支持就做不到。人们需要互相帮助，这当然也是事实，但是不至于成为一种诅咒式的暗示，成为禁锢的枷锁。

依兰：小时候我和妈妈、姥姥黏得特别紧，小学的时候和我玩的女生只能和我做朋友，否则我就觉得她背叛我了。家人总是说我身体不好，这个不能吃那个不能吃，大家都来关注我体弱多病。平时我很紧张，但是有跟我玩得好的熟悉的人在身边，我就不那么紧张。

慢慢地谈论感受的时候，她说自己始终像是待在像果冻的物质里面，被保护的状态，很闷，缺氧，回到家可以取下来。她大概描述的是无法伸出手脚，不能伸展的感觉。

她在分析中发现，撑着的这种状态很不真实，她可以慢慢地与这个世界接触，一点点往真实路上走，用自己的身心接触外面的世界。她开始不因为习惯被保护就认同自己是虚弱无力的，觉得外面的世界也没有想象中的可怕。

现在的她独自居住在郊区，觉得和别人距离太近不舒服。在谈论这个话题的时候，她想到要不要搬到市区，去接触外面的世界。（一年多以后，她真的开始卖掉现在的房子，想买市区的新房了。）

九、关于男友的事情

依兰觉得自己很难放松下来，本身就挺自卑的，不相信有人会喜欢自己。读大学时她有个长得挺帅的男朋友，她就想把他藏起来，不让别人看。男友很照顾她，她也很享受，但更多的是紧张。男友在她旁边时，她就更紧张，觉得有点压抑。男友和她同班的女生关系很好，她也不妒忌，甚至不在意。

分析师：你是不是不觉得男友跟自己有紧密关系？

依兰：我小时候有一本很喜欢的绘画书,妈妈把书拿给了一个男孩,我把它抱了回来,妈妈狠狠批评了我。很多时候我都不觉得什么东西是属于自己的。

在恋爱中,她压抑了很多情绪,妈妈说人家长得那么帅,怎么看得上你呀。她没说什么,也觉得自己不配拥有好的。不谈恋爱是因为自己太自卑,真实的自己不敢露出来,于是对男生她会表现得很凶,不让他们靠近自己。她喜欢双方都是放松的,但是自己还不会初级的相处。自己的世界里没有积累什么东西,不太允许有自己的空间,所以对于她来说,得到的东西也不一定是属于她自己的,随时可能就被拿走了。在心理层面来说她一直是空的。

十、依赖与独立

依兰每天都要喝咖啡,她说咖啡可以调动自己的精力,喝三大杯很浓的咖啡,神清气爽。开始心理分析后,她对咖啡的需求没有那么高了。有时候没有很饿,但是心理需要安全感的时候,她就会往嘴里填东西。

依兰：我觉得身体里有一个40分的我和一个200分的我在打架。40分的我只想维持一个存在,不想社交,只做自己喜欢的事情;200分的我,每天都活力充沛,随时应付工作几个小时以上,睡得少,做很多事,积极向上。这两个我互相看不顺眼,其实也互相羡慕。

分析师：那你怎么想呢？

依兰：我只想做个70分的自己(脱口而出)。

早上到公司开完会,她就觉得自己消耗完了。自己不再是个小孩,领导打的鸡血带不动她,她开始关心自己的身体了。她想从笼子里出去,但是不知道能去哪里。公司和工作像是一个笼子,是安全要素,只要善于表演就不用去野外自己找吃的。静下来仔细算算,租房子等生活成本也不是很高,不用花很多钱也能生活得很好,活下来并不是那么难的。

虽然身体不适，但体检之后发现没有什么疾病，她非常放松和开心。对身体的认知让她更加关注自己，她因此感觉到愉悦。

她有两个朋友，一个去考研，一个咬牙买了房，都有了新的发展，而自己还在原来的圈子里没动。之前她陪伴这些朋友，但他们变得优秀后离开了她，她很难受。自己没有长出来，当别人长出来的时候，依兰会感觉到嫉妒，她只想把朋友留在自己原地。她就是这样被妈妈抓住，妈妈不想让她离开，但成长是人的本能需求，她也同样需要。以往觉得自己能力不行，是和别人比较的结果。比别人强就有干劲，比别人差就干脆放弃，注意力多收一些回来在自我的成长上，不跟别人比较，并不一定要离开或者具体做什么，慢慢就长出来了。

依兰：我对朋友的情绪，有孤单和嫉妒。寄生感让我依附朋友。我很怕别人问我喜欢什么时我答不上来，没有自我的我自己，只能把朋友的东西当作自己的认真努力安放，他们离开我就空了受不了了，找到自我真的好难啊，梦里也是这样，想往前迈一步都不知道往哪个方向走。

现在的依兰，有想往前走的想法，却因长期依附丢失了原初的感受力而无所适从。感受是别人的，判断、思路、方法也是别人的，为了不破坏关系，她会忍耐迁就，不对朋友发火。

在自己的土壤里找养分，向内走寻找自己的根，需要经历一段"黑暗"、找不到方向的痛苦，即回到原初物质、面对阴影部分的阶段，让自己有机会听到自己的声音。依兰认同的同时也担忧，别人很多年前就已经开始探索的事情，自己年近30才开始探索，相当于别人都长大了，自己还没有出生，感觉很奇怪。

自己是什么样的人？想做什么？这些问题她从来没有考虑过。之前她从别人那里获得的意识，现在她想从自己这里获得，独立地思考，不依赖别人。别人的活法、别人陪伴在一起的快乐、自己被需要的感觉、自己被人照顾的需要，这些退到后面，而自我的发展成为第一要务。

依兰：该承担什么责任呢？我现在还不知道，现在就想好好上班，再去考虑未来,走到哪算哪。感觉我喜欢扎实稳定的人,我自己也想做这样的人。

接下来的分析中,她把生活际遇以及情感逐渐展开,在分析室这个心灵容器中逐渐将投射回收,散乱的自我终于有了一个稳定的地方可以化合、凝聚、蒸馏、提炼,逐渐形成精神内核,即"我有自己的厚重历史,有大量感受情绪体验,对人对事有自己的思维判断和选择"。

十一、自我意识之路

依兰发现,她在销售工作中常常为客户考虑,但有些客户不顾及她的感觉。对于这种人,上学的时候她可以想理就理、不想理就不理。但现在不允许自己有这样的情绪,所以她付出的情感常常没有回应。

依兰:我发现自己总是把自己放在一个受委屈的位置上。

为什么自己努力了,却没有得到认可,最终还是委曲求全。想回父母家一趟,妈妈听说她要回家就买了很多东西让她带回去。寻找自我之路,她感觉爸爸妈妈身上也许有线索。

依兰:我梦见一个朋友,和我一起走到一栋小楼里,外面阳光明媚,里面却阴森可怕。楼里有一个秃头的外国人,我从三楼下到二楼就想走了。我觉得有点恶心,人也很奇怪,但是朋友还想继续玩,我就先走了。对朋友我有点愧疚,楼里又脏又暗,挺不愉快的。

从这个梦境里的意象可以推测,依兰之所以依赖别人,不愿意面对自己,也可能是因为其记忆里有些不愉快的内容让她逃避。

她回家乡见到原来的朋友,有的在学会计,有的在学建筑,都想学完回家乡,有一个上班回来就玩手机、打牌。她以前觉得活成这个样子挺没意思的。但是,她现在有点"贪生怕死",坐飞机都会有点害怕,是因为自己感觉到还有很多事想去尝试,生活还是蛮值得期待的。

现在的依兰开始尝试独立看清生活。她回溯了过去五年的独居生活,虽然每个月都有工作压力,但她敢于正面交锋,因此她认为自己的智商是不错的,并且照顾自己的能力也还不错,没有像姥姥和妈妈给她的感觉那么弱。同时,她身体有明显的反应。她出汗很厉害,容易疲劳,一个下午见两个客户就已经是极限了。她衣服能够出汗到湿透,让她觉得很尴尬。在觉得困难的时候,也希望父母能够说"你做什么我们都支持你"这样的话,如果他们提要求,她就会很难受。

依兰想要在勇敢面对独立生活的时候,一边有对自己的肯定和看见,一边又会因为不习惯和害怕而期待有人支持,原来的她肩膀上扛着的全是别人的东西,现在轮到扛自己的东西时,忙得焦头烂额。

在和爸爸妈妈相处时,她慢慢学着表达自己的需求,感觉有了一点自己的空间。

依兰:我开始能清楚地记得梦了。这次我梦见第一天去新公司培训,第二节课在学英语。我旁边的同学学习进度快,我慢一点。我挖空心思跟外教讲英语,虽然自己只有初中生的水平,但外教表扬了我。我用英文讲我的观点和意见,单词用得很简单,这让我有年龄后退的感觉,有点新奇。外教是个高高瘦瘦的男性,穿灰色的西装,用鼓励的眼神看着我。我本来不好意思,别人的进度比自己快,但是在外教的包容和鼓励之下,我没有了语言焦虑。他还表扬我说不错哦,老师并没有生我的气。

探索自我对于依兰来说是很不熟悉的频道,就像学习英语一样。英语是其他国家的语言,别人进度快,她进度慢,也印证了之前她对自己刚刚开始自我之路的焦虑,觉得是不是有点晚。梦里用英语表达她的观点和意见,也就是说她有了独立的思考和观点,虽然用得是非常简单的单词,即比较稚嫩的方式,但终究是开始了。从梦里外教的态度也可以感受到,她对自己的改变是接纳的。

依兰:我梦见自己走到一个三岔路口,有三个阿姨在这里守着说我走错了。这里是关押重刑犯的地方,很多人被阿姨挡回去了。阿姨建议我不要去看,但是我和她们沟通后,她们答应让我看看。里面很黑很臭,两边黑色栅栏里关着的是很瘦且没有头发的人,朝我乱吼着,其语言功能都已经退化了。

分析师:感受一下这个画面,你还想继续往里走吗?

依兰:不行,不能再走了。里面有一只巨大无比的蜘蛛,趴在墙上。我得往外走,越来越亮。门上有一个透明的东西出来了,空气比较稀薄,不像刚才那么黏稠。冲破了那个透明的门,我可以大口地呼吸了。

蜘蛛的意象让她觉得很恐惧,那个蜘蛛在暗处冷漠地看着她,意思是它出不去,她也别想跑。她在门口把自己团成一团,硬是挤了出来,睁开眼睛,好像是重生一般拱了出来,她感觉轻松了,没有那么害怕了。

蜘蛛的意象,带有修复、缠缚、保护、抓住的含义,无论网怎么被破坏,它都能够冷静耐心地修复。法国著名艺术家刘易斯·布尔乔亚创作的举世闻名的蜘蛛雕塑,带给人非常直观的震撼感受。大蜘蛛腹部是巨大的卵袋,张开了爪子占据了巨大的空间,仿佛在子宫里,该雕塑名为《母亲》(如图4-3所示)。

图4-3 巨大的蜘蛛雕塑(引用自网络图片)

布尔乔亚说:"蜘蛛是我的母亲,它不会伤害谁,你看到它然后会说,天啊!"它用丝缠绕着你,又守护着你,被保护的安全感和被抓住不放的恐惧交织在一起,对应内心的母亲原型。她用蜘蛛来纪念母亲,母亲强大隐忍,让人敬畏。

母亲原型常常以蜘蛛的形象表现出来有消极和积极的双重含义,并不一定是消极的,也不一定是令人恐惧的,也可以给人保护和力量感。依兰之所以感受到恐惧,主要是因为她与母亲紧密的连接,强大的情感认同,震撼于强大的母性原型能量。

三岔路口让依兰想到哈利·波特的三头狗在看守魔法石,可以让人长生不老。其原型其实是希腊神话中的冥界看门三头犬塞伯鲁斯,三个头分别代表出生、青年、老年,意味着生命的轮回。依兰的意象里可以看到"出生",这也是心理分析过程中比较典型的蜕变表现。

十二、生活细琐中寻找自我定位

依兰希望妈妈能够接纳自己的情绪,而不是突然大声吼自己,羞耻的事情也可以跟妈妈讲。她最近做梦,梦里因一点事情就生气了,情绪表达比较顺畅。

依兰假期喜欢看漫画书,微博内容也随着自己的兴趣变化而变化。她迷上了拍照,到哪里都会用手机拍照,也关注了其他拍照的博主,内容越来越多。但是她发现自己的镜头里几乎不拍人,担心拍到人会影响照片的美感,人的表情和动作很多是不确定的,会打破平衡感。她表示自己非常喜欢喝咖啡,喝了情绪就变好,买了双花哨的运动鞋,看了两个小时的演唱会。

她说,人本身是有价值有创造力的,独立个体思考和行为与别人都不一样。她一直逃避现实的各种压力——工作压力、结婚压力、社交压力——不想去面对,其实做起来也没有多难,但是自己就觉得难上了天。销售工作要去关心别人,她觉得累死了不想出去,觉得自己长不大。她想等待,一直都很被动,没有主动找方法,因为自己没有很明确地知道想要什么和想做什么。

每天都产生很多垃圾,她想能不能为地球做点有益的事情,要不就节俭,要不就创造,这样才有意义。

依兰:我现在还做不了什么决定,不依靠别人,只是面对自己会失控,因为我还没有办法把控所有的不可控因素。难受的是我知道自己还没有一块确定的长板,对所做的事情也不够有信心,知道自己中间有一块是虚的。我觉得自己并不优秀,也没有什么方向的才能,心虚。

在面对这些心虚时,她表示自己常常用谎言和夸张掩饰,或者用膨胀来面对那个空洞。现在,她尝试去看见心里那个躲在潮湿角落的小孩,承认自己有这样或那样的不足。以前吹气球,站在气球上,和上面的人齐平,现在掉下来,从不适应到一点点看清和承认自己跟别人的距离,在虚伪和阴影的地方觉得好累。

依兰:如果可以重新选择一次,我选择看到真实的我。我应该会有很多优势,也会有些毛病伤害到别人,我也会有勇气道歉。我想看到自己的两面,而不只是放大的好的那一面。

在工作方面,她通过学习慢慢建立了一些认知,但是别人质疑的时候还是会自我怀疑,缺乏自信、努力和勤奋。同时,她记起以前有过一个对未来的展望,希望自己能够给大家富裕而安宁的生活,不为钱发愁。可能,她现在要做的就是相信自己提供的所有都是指向这个目标的,在不够信任自己的时候,就通过学习来增强自信。

依兰:但是我也认识到,自己还是需要成就感和被人赞同,真想戒掉这些。

她找到了自我的定位(以真实的感受为支撑,即自己的感受认同的定位),所要做的就是相信自己的确是这样的。这就是她的使命,也是她人格独立的源头,就是自己有与他人不同的安身立命的目标,在这个点上,她也与父母分离了,成为一个有自己生命道路的成人。同时,她的直觉也告诉她,要克服的是小我被人赞同和喜欢的需要,还有自卑带来的虚弱,自以为是、一厢情愿带来的挫败,等等,因为这些会动摇和削弱她的确定感。这也可以理解为分析中需要被提炼和去除的杂质,不断提纯剩下的是纯粹的新自我,其真实感和震撼力犹如我们亲眼见到金灿灿、亮澄澄的黄金一样。

十三、逃避还是面对恐惧

依兰在逃避工作,因为其中可能有被拒绝和可能做不成的风险,没办法承认失败的焦虑。

依兰:我心里最深的恐惧是自己成功不了。

分析师:成功不了是指什么?

依兰:是指养活不了自己,也融入不了社会,一直躲在最高处那些人后面,怕别人看到,不想被关注。

分析师:是什么样的画面呢?

依兰:拿着气球在天上飞。年纪有点小,像是10岁左右,短头发。自己的学校里有很多家里的亲戚,自己的生活在全方位的监控之下,我很会做表面功夫,为失败找借口。

她会时刻关注身边人的表情,根据他们的期待做出回应,担心不回应就断开了两个人的连接,只剩下自己了。和朋友打电话不一定随时有回应,她会觉得可怕。

依兰:我梦见一个老爷爷骑着自行车载着小时候的我,边上的植物很高,爷爷叫我不要动,因为上面长了虫子,我翘起脚碰到了虫子,仔细一看是黑色的蜘蛛,有手心那么大,一下子就吓醒了。

她最近在看《少年谢尔顿》这部片子,主人公谢尔顿挺自我的,也很单纯,生活在自己的世界里,被好奇心推动着不断成长,他可以真实表达。她羡慕他家里的每一个成员虽然不懂他,但是都以自己的方式在爱着他,不会质疑和排斥他。谢尔顿和他的大学老师的世界是相通的,他们有共同语言,是忘年交,挺幸福的。

梦里的老爷爷给她的感觉是一个非常有智慧的人,会给她一个可以讨论的空间。他自己讲完之后也会看看她讲什么,他对于她来说甚至都不是亲人,只能算个熟人,但可以互相沟通。

与家人在一起的时候,依兰更多地是被动回应,只能听不能说。家人没有留给她表达的空间,这让她感觉自我是不被允许存在的,很压抑也很孤独。她说,她其实需要朋友,但是自己比较被动,都是等朋友来找她,有一段时间她需要喝一点酒再找人聊天。

依兰:我发现自己在卫生细节方面控制欲很强,有一种暴力倾向。别人在吐槽老公的时候,我觉得那就应该揍他一顿,我会有明显的生气和不高兴情绪。表露个性的当下是比较尴尬的,是装不出来的,我自己还挺不适应那样,但是回头想想也挺好的,至少我可以说出自己的想法了。这几次的梦里竟然有歌声,是《原来是你》《我们跳舞吧》。

在之前有些压抑的基础上,依兰逐渐放松,情绪上的表达慢慢强烈起来。梦里的歌声旋律,也是她心灵释放出来的声音。其实,在可以自由表达的领域,她是灵动、浪漫、活泼、自发的。她同时希望别人距离自己不要太近,她需要一些空间。其实,也不必一定要胜任工作,也可以允许失败,没有把自己拉得太直去够着那个"成功",反而给自己留下了更多的自我表达空间。

十四、面对美好的灵感

依兰:我梦见吃土豆饼,最后一排有窗户,一个女生探头进来要抢我的饼,我对一个男老师喊,有人抢饼啦。男老师长得年轻好看,我在梦里面看着他都要冒粉红色的泡泡了。然后我就醒了。这个梦很奇幻,有点不真实感,像恋爱了一样，很久没有这种感觉了。我说起来都觉得有点不好意思。

她很怕没有钱，对钱的欲望很强。大学的时候她向妈妈要生活费就会被骂。她就每年都买个日程本，把学习和生活都记在本子上。但她今年打算把工作和生活分开记录在不同本子上。她之前休息的时候也想着工作，仿佛不允许自己休息，现在不那么强求，有客户找她的麻烦，她也会直接表达自己的委屈和不满，她在人际关系里可以多照顾自己想要的和不想要的了。

依兰：我有了很多灵感。

她慢慢地允许很多自己的感觉出现，将工作和生活分开也是逐渐个体分化的体现，增强的主体性使她感觉有了很多想做的事情。好看的男老师粉红泡泡的恋爱感，是与新自我相遇的感觉，仿佛是很久未见的恋人一样，但要注意的是，这只是初初一瞥尝到的甜美，并不意味着真的就完全发展到了合一喜乐的状态。美好的感觉一开始出现不能高兴得太早，就像是恋人第一眼的美好，并不是真的结合，之后还需要经历很多的磨合才能真正适应，分析过程还有很多阶段需要去经历的。

不久，依兰因为身边同事出色的工作表现而陷入焦虑。

依兰：社交环境中，我看到身边的人，还是想和别人一样，不太能够听得到自己的声音，又不能独立思考了。我想要和人有共同话题，又想要有自己的节奏，要怎么才能平衡呢？

想要有规律的作息来平衡情绪，上班8个小时获得价值，下班12个小时恢复精力。但是她发现自己容易接收别人的情绪，自己的注意力会分散。

依兰回忆说，妈妈在姥爷家的时候要付出很多，但是舅舅更有话语权。舅舅生了儿子后，姥姥就去帮忙带孩子，却明显忽视了妈妈。妈妈发现，来自姥姥的爱也不是她自己可以独有的。到现在，舅舅和弟弟（舅舅的儿子）都不工作，脾气还很古怪，和她说话冲得很，她很难受——怎么会有家里人对她这么说话？出来工作后很久都没有人对她这么说话了。姥爷还拦在中间，维护弟弟。妈妈非常维护姥爷，但是她自己小的时候被安排在一个比较差的房子里睡。依兰心疼妈妈，觉得她是被忽视的那一个，为了获得关注而讨好家里男性，过度付出，对自己女性身份却一再压抑。在她第一次来例假时，姥姥生气地说她不会再长个子了，然后一直要求她低调隐藏，不要在外面出风头。

仔细分析之后，像依兰所说，妈妈其实在姥爷家里努力付出甚至讨好，想要获得姥爷为数不多的关注和青睐，但实际上其精力还可以用在自我的发展上。也不难理解，为什么工作了这么多年，依兰还是更关注别人的态度，而不是在这个工作中自己实际的收获和成长。它来源于儿时的生存危机意识，儿时的她不能无条件地感觉到被爱，而是需要付出很多。这就成了一个要不停填补的坑，得到一点价值就被填入这个深不见底的坑里，不能添补到自我成长的道路上去。她始终在自己对爱求而不得的情感困境里，长不出来。依兰从小耳濡目染，加上母亲对待她的方式也没有超出自己的能力，于是依兰也自然地认为想要被爱，得学习身边的榜样，认为做得一样好就是唯一标准。但实际上，随着自己逐渐社会化，一个人的权利和资源已经不再掌握在家长手上，人们要做的是继续发展自我，自己获得生存资源。简而言之，目标不是为了"讨人喜欢"了，而是"努力成长"。

十五、恐惧探索

依兰表示在家里她待得挺爽的，下载了好多西方文学史和艺术史的慕课来听，有很多想做的事情。所有的东西像海浪一样扑过来，每天都有感兴趣的东西出现，她觉得好兴奋。

依兰：妈妈和家人从小就让我相信外面的世界很危险，用各种方式不让我出门，感觉很讨厌，我觉得还是应该出门。

分析师：那么你现在是在哪里呢？在门里还是门外呢？

依兰：我只能隔着门看到这一条街的东西，不是很开放，非常有限。

分析师：为什么呢？

依兰：第一，邻居家的院墙太高了，即未知的东西太多了。第二，搭梯子看到了很多东西，但是要筛选，因为东西太多了。第三，语言不是特别通畅，有些语言不是我熟悉的，例如英语。第四，我自己的认知体系局限，一直就没有关心过时事政治，最近才开始对历史感兴趣。未知的东西感觉不太友好，可能因为差距太大。

对未知领域的探索是生命本能的动力，但是一直都被恐惧阻拦，外在的世界感觉是不友好的、有敌意的。在工作中她觉得很累，是为什么呢？

依兰：因为我排斥那个不太好的自己，过于鸡血对待自己会消耗过度。我喜欢那个前进的自己，但是并不喜欢身体被拉着晃晃悠悠地往前跑，这样连续干几天身上就会不舒服。难受的感觉没法与人分享，想乱吃东西，骑自行车吹着风会好一点，但也是压箱底的最后办法。心理分析一年有放松下来，没那么累了。

她更喜欢居家办公，按照自己的节奏来调整工作。她开始在意自己的外表，运动节食。她也开始想存钱，突然开始生活化，开始关注生活的细节。她爱上了打扫房屋，想看十几年前的动画片，和群里的朋友交流饮食和运动也很开心。同时，她想在有读书爱好的圈子里交朋友，也想自己筹备读书会。

她还想要个书桌，小时候用的书桌是打麻将的桌子。她表示书桌是用得最多的东西，会有安定感，放入自己的书和本子、生活用品，这些是自己重要的东西。但是，书桌是一个让人主动的地方，在上面可以集聚她自己的东西，做她自己的事情。但是因为她一直处于被动迎合的状态，因此在她身上并不是聚集而一直是分散的，别人的呼唤她去回应，因为呼唤是随机和琐碎的，所以她的自我形态也是分散游离的。和别人在一起的时候她自己的话题少，主要是别人主导说一些她不感兴趣的内容，她也只能附和顺从地听着。只有对内心丰富、有耐心引导、等待她娓娓道来、不强迫的人，她才能放松表达。如果处在强势的环境,且没有她非常感兴趣的话题,她就很难打开自己,会处于被动压抑的状态。

她一直在照顾别人的感受,她不觉得别人会收得到自己的感受。只要遇到别人对自己好一点,照顾她的感受和喜好,她就会觉得很感动,竟然有人会看得到自己。

依兰:我希望别人是和我商量着来,而不是直接通知我,我感觉从来没有平等对话的机会。我为了自己想要的,付出太多了,但是怎么都得不到满足,一直努力发出声音,一直不被听到,到最后我根本都不知道自己想要什么了。活生生的我在这里,却只能靠大喊大叫、非常生气来让爸妈注意到我。

在精神上,依兰逐渐收回了对外的投射,聚焦到自己身上的能量激发了她很多潜在的自我,作为独立的个体在寻找与外在世界的联系。

依兰:我像是在冬天冻住的什么东西,沉沉地睡了一觉,现在可以慢慢醒过来了。

她正在安全的心理分析容器中聚合出自己的主体,这个阶段向内的需要比较明显,在外在表现上会有一些变化,例如对待别人的方式和态度上,自己的生活节奏上,能够让自己满足的事情,等等。

十六、他人的羁绊

依兰工作上想要有突破,看到别人的业绩做得好,对自己的目标有恐惧。在公司激励下,自己一头热就扑上去,其实自己没有成长到那里。把自己塞到别人的标准里,常常觉得自己不行,很丢人,只有跟自己比较才比较舒服。

依兰:我想要做得好让爸妈表扬,但他们也觉得我不如别人。我感觉身上有根绳子牵着,只能去父母允许去的地方。我有意识地在巩固我的主体感,像一根定海神针,但别人有了成绩时,我的这根针就摇晃得很厉害。

运动、打扫卫生、吃东西都是她进行心理建设的方式。当工作遇到困难的时候，她表示也学会了向朋友求助，自己能够稳定自己。她的"定海神针"在旋涡风暴中间，不是很粗大，里面还有很多地方是空的，如果它很结实，再大的风浪她也不会害怕。

在周围有风吹草动的时候，例如别人有了成绩而自己没有，在各种指标面前没有达成等，依兰会沉溺其中，忘记自己在修她的"定海神针"，变得低沉，只想喝酒，自暴自弃，不打扫房间，不希望有人打扰，一到要去工作的时候就想哭。分析后发现，如果感知到有浪要来了，如果可以扛过去，不被风浪淹没，不失去希望，知道自己要什么，在风浪中稳住，收获自己想要的东西，柱子就会更加完整。

依兰：和男性的关系方面，我只喜欢简单的，人际关系里的边界很窄，别人给我发信息我是秒回的，过久了就会自我谴责。人际交往里，别人的事情总是立刻办，怕别人觉得我不好。有情绪的时候，我先安抚别人不生气，自己再来生气，我的世界里先放别人的情绪，压抑着自己的情绪。现在我的生活放了很多内容，不只是放着妈妈的情绪了，我其实是快乐的。在跟客户讲业务的时候，对方拒绝我，我也会表达不悦。

接着，她发现自己没有那么担心领导责骂了，开始变得有意思、轻松，没那么拘谨害怕了。

十七、自然的状态

依兰一旦开始工作就安排很多事，她应该精简一下，挑重要的事情处理。工作量太大的时候，依兰觉得压力很大，想把工作扔到一边。有时候提前规划还是会有一些自由，可以自己安排工作的强度，但还是会有一种突破不了的被束缚和压抑的感觉。

她的自我还没有办法自然地调节，即没有办法将休息和工作有机融合，很容易被工作带进去，虽然自己出得来，但还是难受，有时候还要靠喝酒舒缓压力。有没有办法自然地调节呢？比如累了就可以休息娱乐，想工作的时候就去工作。

依兰：我大部分时间都装在里面，觉得自己挺累的。结果就是随时都想放松，对自己的累不敏感。

也就是说，她身体感觉到累，所以随时想放松，但是身体感觉和意识觉察并没有同步，对自己的感觉不敏感。即使感觉到也不习惯自然地进行调节，可能是长期忽视或者用压抑的方式来处理，而不是自然地回应和照顾。脱离了自然的调节本能，她就表现出里外脱节的难受。出了家门就觉得外面不安全，排斥她，这种感觉让她承受了实际工作本身之外的压力。

依兰：我很小的时候就被家人告知外面坏人很多。我总是生病请假，也会担心自己身体是否真的变糟了。我出门就觉得自己虚，想到要出门就要做很多准备工作，像是要去外层空间一样。

相比外面世界给她的压力，待在家里她觉得轻松自在，出去的话待在大自然还不错。实际上，大部分的事情都是有办法解决的，就像早几次她梦到的情况，参加马拉松比赛，但是没有合适的鞋子，装备也不够。在社会化过程中，她还需要做很多准备，具备一些条件，比如陪伴、看见、倾听的滋养，突破障碍束缚去发展，社会化的知识储备和经验，等等。除了现实层面的储备之外，她还需要在不断历练中体会到自己比想象中要强壮，外面的世界也没有想象中难，要用真实感受一点点撼动、推翻之前的认知。可见心理分析和具体生活是不可分割的，两者相辅相成，才能真正起到作用。

依兰：疫情期间隔离在家，我感觉自己缩到只有自己，像是风中的蜡烛，很微弱，随时会被吹灭或打湿。

她表示在亲近的关系中，没有可以表达情绪的环境，她一直回避歇斯底里的自己，见不得自己"发疯"。

不停地吃东西还是觉得饿，总是在睡觉还是醒不来。在人生的岔路口上，她和最要好的朋友各自走上自己的道路，但是，她非常抗拒走自己的路，可能是因为它还很窄，或者根本就还没有，要自己去开辟，这让她感觉恐惧。谈论它也不会好一点，不知道该干嘛，对别人也不耐烦。这种感觉是很难受的，感觉到空洞却不知道该怎么办，很多人这时会饥不择食地抓住一个人或者一件事来填补它，比如说匆忙恋爱、非理性投资等。此时，需要增加自己的耐受力，就像是忍受在制热的容器里烹煮一样，耐心等待，不急于行动，也就是做到人们通常说的"冷静、放空"，等待着未知的自我呈现出来。如果急于抓取一个东西来填补，就像是又把别人的意愿加入自己的世界，那未知的自我部分就永远没有机会出现了。

而后，依兰说她迷上了收拾房间，整理出一些衣服丢掉，把厨房全部清洁了一遍，她觉得这些好有趣，甚至停不下来。家里井井有条的感觉很好，她还想改一下房间的布局。

依兰：我的梦，是个冬天，我经过地下停车场，里面很暗，没有车。我想去超市，但手上拮据，买不起东西。第二次去超市，有个营业员盯着我，我觉得很不舒服，第三次经过营业员那儿，她抓住我说我是小偷。我着急地说，我不是，但是很心虚。

她说当她给客户推销、客户不认可时，她自己相当没有底气，别人质疑她时她也质疑自己。她被人欺负的时候没有人为她撑腰。小的时候，有一次妹妹弄倒了水杯，妈妈骂她，妹妹不吭声。从那时起，自己内在的小孩发不出声音，没有人维护这个孩子。梦里她被认为是小偷，小偷的意象是拿了别人的东西当作自己的，实际上就是自己这里装的都是别人的东西。接着联想时她想到自己没有人撑腰，有一层意思是因为没人维护自己，她便不敢发出自己的声音，即不敢展示自己，那么只能用别的样子示人，心虚也是来源于此。梦里手上拮据，因为自我主体不曾真正拥有话语权，更谈不上拥有价值，因此是贫穷匮乏的。同时，小偷的意象在梦中出现，也是因为她困惑于此，并且看到了自己的诉求：不能只是用别人的样子来装作是自己了，要开始想保护真实的自己，勇敢让她呈现。

十八、挑剔否定与舒展

依兰发现，自己内在的动力不足，她觉得运动、工作是好的，吃东西、睡觉是消极的，没有目标就会感觉在混日子。但是她学习的动力还是强的，补充知识、挑战难度。她看自己看得很紧，生怕说了什么令别人误解自己，对自己有看法，只有跟同为销售的同事讨论时才觉得自己被理解，自己是安全的。跟关系好的朋友说明自己的观点后，她回来都会复盘，看看自己有没有说错话，如果说错了会尴尬得不行。

后来她去跳舞，刚开始她总是盯着自己跳得不对的地方，后来舒展开就高兴了。在她发表意见的时候，别人不会否定，允许她发表意见，她就感觉有安全感。在运动群里，因为她锻炼得比较频繁，每次拍照打卡发出去时，别人的反应也是积极的，她就有自信。

依兰：我在外面的陌生人面前拘谨、恐惧、没有安全感，在熟悉的人面前又强势、有莫名的优越感，有些自以为是。

在陌生人面前，依兰没有自己的安全感和自信，慌张、无助、紧张，在熟悉的人面前并不是自信的松弛，而是用高人一等的姿态缓解之前的压力。实际上，她自己没有作为丰富厚重的人把自己支撑起来。她想要自己稳定的主体人格，却还没长出来。心理学家荣格提出了阿尼玛和阿尼姆斯两个原型，认为厄洛斯与女性的包容、连接、爱、接纳相关，逻各斯与男性原则的逻辑、理性、辨别、独立等相关。两者是从自性原型中分化出来，在人格发展过程中以独特的契机进入人格，阿尼姆斯代表女性内心的阳性面，等同于意识。女性更多受到无意识的影响，阿尼姆斯对于女性的意识化过程影响很大。当女性对母性过度认同时，她对自身智力逻各斯关注少，内心的阿尼姆斯没有得到很好的发展,更导致女性意识的发展停滞。针对这种状态,女性可以用运动增强感觉和力量,以自己的感受为指引,关注自己的生活细节,聚焦自己的工作晋升、收入等现实问题,适度增加社会活动,独立思考作决定,充分地开发自己的社会功能。

依兰:我找不到什么感觉,看网上的短视频看人家是怎么找到感觉的。我发现自己需要时间去深耕,我不要成为被瓜分时间的人,我想去接收一手的信息,与人交流时会更有价值、有营养。

她发现,原来自己很小,像个傀儡娃娃,很容易被人挡住,被人侵占空间。朋友离开她,她表达了愤怒,这让她感觉还挺有自我的。

依兰:在我的意象里,房子很窄,外面花园很大,花园外没有栅栏。我要插个牌子,再养条狗。我向往可以理直气壮做自己,很小的时候完全不能违背妈妈的意愿,被揪着耳朵要求顺从。我给别人留很大的空间,我自己不自在,一直把需求压抑着,怕别人不满意。

她看毛姆的书,有很多共鸣。书中主人公非常关注自己,对自己也很诚实。她想找人一起吃早餐,预判别人会拒绝自己。压抑愿望让她有些难受,但还是强迫自己做,也不跟父母讲经济压力,脑袋里有个开关严格把控。她觉得自己像个考古的人,不能大刀阔斧,只能用小刷子一点点地刷,开始分析时都像高压锅,每次分析完都要哭一场,这么多年要小心对待自己的情绪,很压抑。

依兰:我梦见我自己拖着行李在书店等人来接,来的人像叔叔的年纪,有胡子,捧着我的脸和我走得很近,我很奇怪为什么他这么稀罕我。他的长相不是我喜欢的类型,但是我为什么不走开,有点生自己的气。

梦里出现的往往是做梦人的各种表达综合体。叔叔年纪的男人,很可能是当下(会随着时间改变)她的阿尼姆斯(男性部分)的人格化体现,他很喜欢她,这部分已经对她有了好感的表达,建立了一点关系。但是,她意识上还没有接受,对他并不喜欢。另外,她对自己不喜欢的对方竟然没有拒绝,并因此而生自己的气。还是她对于别人侵占她空间的情结在起作用,痛恨自己没有力量拒绝不属于自己的部分。

几乎同时,依兰把她卧室的书桌整理出来,表示有三件事情想做。一是整理这三年来的日记,二是要好好工作,三是想和妈妈聊聊。和妈妈聊自己的想法时,妈妈表达了强烈的不想听的情绪,实际上妈妈在抗拒心理上与她分离,不属于共生合体的表达有的时候是独立自我产生的过程之一,对于不想要分化的一方来说,会比较反感对方这种抵触的情绪。

她也想在工作上有所成绩,但是她发现自己一直是散落的点状,连不成线,更不成面。她现在想多挣点钱,想升职。爸爸和她聊他的职业生涯时,说起 20 多岁打下的基础,一路升职成长、谈吐见识和生活状态都有了改变。她回想自己 20 多岁还懵懵的,还好来做了分析,这让她有点醒过来了。她想要填实这些漏洞,但是挺怕的,也知道挺难,所以有些遗憾自己为什么才醒过来。

她开始审视自己的生活,分析自己的工作,发现其中有很多学习的机会,可以帮助她提升自己,销售也能让她多劳多得,比较实在。所以这个工作她还是不想放弃,愿意继续做。但是,她到现在还没有什么升级,自信还不足,需要重整旗鼓。同时,她表示光靠打鸡血维持不了多久,想要打造自己的工作态度和方式:知道自己要做什么,也知道有很多困难,不骄不躁、耐心踏实地做。

依兰:别人对我的需要和关注,能够助我内在生长,小的时候什么也没有,觉得自己什么都不能得到。后来,慢慢成了不给我也没关系,反正也得不到,没有什么是一直待在我身边的。我主动说要的别人不肯给我,我自己的玩具也会被莫名其妙地送人,想要的把握不住。我有时候觉得自己没有太多存在感和归属感。

依兰参加了很多社交活动,如万圣节、演唱会等,进入新的阶段。她觉得离自己更近了,虽然这些活动也有想要的和不想要的。

依兰:我梦见一个客户要我发一个不同公司的对比图,我很不耐烦,不想做比较,只想像做完数学题就获得强烈的满足感。

　　她为什么会烦躁呢?经过分析,她发现自己的价值感来自获得成绩和被人喜欢,而不是这些过程中自己的感受。细细想来,这些都是来源于外界的,内心那个小女孩有勇气、很敢做,生气的时候可以说出来。小女孩在提醒自己勇敢做自己想做的事情,被拒绝了也没有关系。但是依兰总是觉得这个小女孩丑陋,在人群中把其藏起来,羞于让她见人。之所以她会觉得小女孩丑陋,是因为她长期以来为了迎合他人标准而压抑和否定了自己,于是感受起来就不是那么讨人喜欢,意识上可以用"丑陋"来理解。想要使小女孩变得可爱美丽,不要纠结对与不对,就是大胆展现自己,越接纳就会越闪亮,跟着自己的感觉做就会有价值感。如果能够不论别人认可与否自己都可以跟着感觉坚持去做(当然在不伤害他人和触碰道德法律的前提下),就有力量冲破"看似牢不可破的现实"带来的阻碍。

　　依兰表示,她的这种力量一直比较虚弱。和朋友在一起,自己很容易就做不了自己。一个朋友和她聊天,从中午聊到晚上,她本来作息很固定,但会被类似的事情打破。朋友们在某个方面很强,为她打开了一扇门,但她不觉得自己有什么是值得分享的,也不会对别人提要求。

十九、见风长大的女孩

　　依兰谈论最近的一个梦。

　　依兰:我拍照头发又长又多,从后面看有很大的头皮屑,恶心醒了。

　　她说起自己初中有一段时间有头皮屑,有时候会有大块大块的,会自己掏出来弄碎。她最近的学习状态很积极,觉得以前自己太狭隘,只在乎结果和挣钱,现在发现有很多事情和方法可以让她快乐,不用那么紧张。最近好多人夸她好看、工作能力强、灵活,现在她觉得自己好大,之前的自己好小。很多人小的时候喜欢挖鼻屎和玩自己的头皮屑,甚至对自己的大小便有研究的兴趣。

其实,这些是他们创造出来的东西,对于孩子来说是比较有成就感的东西。这些东西带给他们的感受,不是来源于外界的评价,而完全是自己的感觉。这个梦的意象,正是她有了这种感觉,之前自己萎缩在外在的标准和他人的眼光里很小,但是一旦突破这层障碍,她心里的自我就迅速地长大,类似于童话故事里的"见风长大的拇指姑娘"的成长速度了。

隔了不多久,依兰说她在价格低迷的市场情况下,以不错的价格卖掉了之前她住的旧房子,带着她的猫开始租房,同时也在寻找新房子。她心里的目标也非常清晰,房子要方正、精装、有暖气、可以养猫。她觉得自己做了一个很重大的决定,妈妈还是会对她有不满,对于她长大做主有些抗议,但是她自己觉得处理得是不错的。

依兰:我做了一个梦。梦里我一直用的老虎图案的保温杯被摔碎了,碎片也在慢慢地消失。

每周依兰总是优先安排分析,甚至是经济上也优先考虑分析。但是最近她更想优先安排其他活动,她发现自己不那么需要分析的支持了,她已经突破了父母的情绪压力,可以自己长出来了。从意象上理解,老虎杯子打破了,她打破了父母给她营造的空间外壳(房子),带着猫突破了出来,旧的自我已经慢慢消散了。她很欣慰,自己凭实力获得了与父母平等对话的感觉,小女孩长大了。她觉得今年工作会让她焦虑,但是她可以自己去面对,也感觉会有收获,现在她处于让自己都奇怪的成熟状态了。她接受了工作和生活中的无常性——并不是什么事情都要做到完美并受到表扬与欣赏才是对的。她从学生想要拿高分的思维,转变为成年社会人的思路,允许有缺憾、不完美、甚至是失败,并在此情况下依然可以继续向前走。她说如果结婚就考虑生两个以上的孩子,出门逛街人很多,她喜欢有人气,但是她说"我还是我"。

找温妮科特(著名分析师)分析的一个来访者表示,当他发现自己不存在时,工作才真正开始,真实的自己从婴儿期就被隐藏起来,现在自己用不危险的方式与分析师直接交流。温妮科特给了她需要的促进环境和足够好的支持,帮助其理解了母亲的不可预测性,经历了一段高度依赖和真正危险的时期,把她从虚假自体被混乱的控制中解放出来,假自体移交给分析师,这样才开始寻找从未认识的真实的自己,以不同的方式生活在一个真实的世界。

依兰表示,在几年的分析中,她没有过压迫和难受的感觉,慢慢地基础填实了,以后再遇到生活的挑战她也能平稳面对。她觉得自己突破了旧的自我,呈现了新的自我状态,之前属于旧的自我的缺乏感也消失了。她的感觉是自己能承担的能力大大提高了,不用急吼吼地跟人说,自己决定了就可以这样去做,黑格尔说我是我生命的主人,依兰说"我要开始新的航行"。依兰在做了卖房子的决定之后,马上宣布希望分析暂时就到这里了,这段旅程的确非常艰难,她终于脱下了旧的自我,把旧自我移交给咨询师之后,马上要扬帆起航了。

第二节　风中绽放的百合

40岁的职业女性百合(化名)的第一次分析是紧急预约的。她情绪非常激动,一边分析一边哭泣,说自己好累,孩子很小,妈妈帮忙带孩子却需要她去承担妈妈的情绪,加上工作的压力,她已经被压得喘不过气来,只能寻求心理分析的帮助。

她的老公脾气温和,工作没有她成功,但是她的需求他基本愿意去满足,但和婆婆相处的时候,老公没有鲜明的立场让她抓狂。

百合:我梦里像是在过年,有同学给我介绍对象,对方是一个军官,刚和女友分手了。见面后我很喜欢他,但是没说出来,担心他嫌弃我结过婚生过孩子。如果和他在一起,去戈壁滩上生活十分艰苦,我的工作怎么办呢?

生活中如果身边哪个男性同事或者朋友对她示好,她马上就会进入梦境,有时候还会有身体的快感。

分析时她说,军人给她的感觉是家庭有能力,他自己也是有能力的。她的梦里透露出压抑、紧张、束缚,压抑的能量希望能够被释放出来。

百合说,妈妈在带我的孩子时常常用威胁的方式,比如"不要……否则……"。我自己从小就懂事,在妈妈面前不袒露情绪,老师的要求我不敢跟家里提。我觉得有很多枷锁,关得很紧,爸爸常常说妈妈是冷暴力。我有个同事的妈妈,常常让我去帮助她的女儿,我有些嫉妒她可以依靠妈妈。妈妈总是觉得我不够好,她在意别人的评价,争强好胜。

百合:我做过一个梦,在老家的院子里和同学一起讨论问题。后来警察来了,说这里有人杀了人并把尸体埋在地下室,大家都很紧张。

在联想的过程中,她说在工作之前自己一直住在那里,有一次是和初恋男友待在家里,结果妈妈突然回家,发现了自己的男友。她觉得非常羞耻,害怕妈妈告诉爸爸。初恋意难平,之后她说到前男友占有欲很强,有家暴倾向,所以最终选择了分手。

之后,她又报告了一个新的梦。

百合:一个平房老宅子,杂草丛生。一个瘦高男生走出来。再往里走,感觉不对劲,这里是绑架人的地方,墙垣高高。我躲在门后,有人打开门看到我,才知道他们原来是你在找的那个男生,他是干革命的人。

在这个梦里,她有点紧张,很怕别人是抓自己,但发现实际上不是抓自己,她又放松了。房子常常是自我的一个象征性表示,她的精神世界状态是杂草丛生的,是平房老宅的样子,在初恋被母亲撞到时这段感情也随之埋葬在地下室,躲着藏着,环境不允许女性表示情感和欲望,不能"真诚"。而"革命"在汉语中包括了权力的夺取和建立新的制度规则的含义,需要推翻旧的状态,建立新的状态。从这些可以看到她内在的阿尼姆斯的形态是有一定革命力量的,且建立新秩序的意识也是比较明显的。

果然,在她的表达里呈现出了端倪。

百合：我最近会像儿子一样大哭，常常会去买东西，玩桌游，买来乐高自己玩。

同时，她表达了小时候自己有很多想要的东西却说不出来。她被阉割掉了"人性"部分，成了怕麻烦的人，很会照顾别人，能读到的几乎都是别人的欲望。

分析师：有没有哪个时刻你是可以感受到自己的主体呢？

百合：在幼儿园的时候，有一个很喜欢我的老师，那时我觉得自己做什么都可以。但是多数时候，我都觉得自己主动要求的东西，需要解释很多才能做到。

她的母亲和老公都很被动，不主动表达感情，也不给她确定正向的回应。工作上，她总是主动地在努力推进，压力很大，但是想想，躺平也不会被开除，就算开除也可以找到工作，于是就放松了一些。妈妈也知道她开始了心理分析，以前她想要买什么的时候，妈妈总是反对居多，现在她说自己要疯了，妈妈说想买就去买吧，她突然觉得自己有了空间。

接着，百合分享了她梦中的意象。

百合：我走在路上碰到了一个大学同学D，大学毕业后D去了北京读研究生。D见到我一脸茫然，没有认出我来。后来很多人一起吃饭，人们让我介绍下自己。我喝了一口红酒，结果晕了，醒来的时候是在医院里，以为是肺癌，结果诊断为麻痹症，这结果比想象中轻，但我确实是病了。

梦里同学不认识她，这让她很介意，这也动摇了自己的重要性，她对此感到震惊，觉得对方是故意的、装的、搞笑的，她很气愤。妈妈在反驳她的观点时，她也觉得自己像是被塑料包裹密封了起来。在分析过程中，百合说她曾经看到书上说弗洛伊德把女性的歇斯底里症诊断为麻痹症。心理学认为，歇斯底里的心理学机制是在新陈代谢的自我调节系统中，强烈的情绪（如喜怒哀乐）需要找到健康的出口（如哭泣、大笑等），其中最重要的是性带来的激情。

相对而言，男性释放这种欲望的难度低很多。欧洲中世纪社会对女性有更高的道德期待，需要她们克制欲望，女性的欲望被忽视，严重压抑了女性的生命活力。然而压抑积累到一定程度会出现"歇斯底里"的症状，如无法控制地抽泣、颤抖、痉挛、发火，等等。

其实，在这个梦境意象中，百合内心的自性在印证自己的症状。活力被压抑导致的心理障碍不算太严重，但是的确需要调整，总的治疗方向是需要允许强烈的情绪和欲望表达。

一、情绪的表达

百合对上司不满，她和其他女同事说不想上班了，结果对方要她调整自己，她听起来觉得自己是被质疑和指责了，没有被共情，这让她很不舒服，调整自己的建议让她没法表达情绪。同时她希望有个强大的人来引领自己，她的老公做不到引领，但他可以让她释放情绪，想哭就哭，像个孩子一样。

百合：我坐上车，突然一头猪从车窗拱了进来，非常大的粉粉白白的猪。猪很大，我觉得害怕，像是色情的攻击，会想尖叫。

分析过程中她发现，猪代表了贪欲、情色。之前她表达，如果自己周末没有干有意义的事情躺着的话，就会生气，觉得自己没有价值，不接受自己在家里待着没有用处。在她的角度上，看待任何事物"好＝实用"，而不是"好＝喜欢"。梦里的猪虽然让她感觉突然和害怕，但是也给她实用性为目的的、相对苍白干瘪的精神世界增添了色彩和情感。看到猪觉得害怕，表示她瞥见自己的情感和欲望时是不适应的，一直压抑的态度让她觉得对方是个突然攻击性的东西而害怕。

她表示现在发生了事情自己可以很快处理好，也能把各种生活细节简化，自己穿得比较朴素。现在她想尝试低领的衣服，联想到妈妈在穿得有点透的时候，爸爸就会说不合适，因此妈妈也没有穿衣自由。妈妈会在她表达观点之后学着说,她感觉妈妈其实很弱小,只是对她管理严格,其实自己也是被严格管理约束,没有发展出什么独立思想。妈妈自己也没有发展出可以接纳女儿情感的空间,自然做不到与她共情。在妈妈这里碰壁的时候,她会感觉到痛苦。

小时候弟弟翻她的东西,她觉得对方侵犯了自己的隐私。

分析师:如果用意象来表达,是个什么画面呢?

百合:石头在中间,顶着一块板子,被侵犯的时候可以随时逃跑,不较劲就可以滑走,会自由一点,板子是木头的,会温暖一些。石头和木头是共生关系,石头可以让木头灵活一点,木头板子可以让石头有压力。

分析师:这让你联想到什么呢?

百合:我想到平衡点,在表达自己情绪和欲望的时候,不用那么硬邦邦的,可以用开玩笑的方式告诉对方,风趣幽默一点。我有一个同事就很幽默,打个哈哈就过去了。

石头是理性的,木板是感性的,两者本来就不是完全割裂的关系。在彼此支持的关系里,理性可以让感性不那么沉溺笨拙,感性可以让理性更有厚重感。在百合的原生家庭里,和父母表达强烈情绪是不被允许的,但是百合发现自己的儿子比她勇敢,有情绪敢于表达,这当然也和她的包容有关系。她在思考,怎么样可以不自我评判,可以尽情表达,除了运动、喝酒,还有就是幽默感了。

同时,她也表达了最近的一些转变。工作上她不认可领导的能力,但领导很会巴结上级。她也想升职,想证明自己的工作能力,但是不屑于去巴结讨好领导。她原来在工作中还追求很多,比如人情、能力认可等,但现在只是简化成工作本身。同事没有太关照她,她也没有太在乎,不指望获得什么。在表达的时候说错了,她大方承认对不起,也不用找理由,错了就是错了,不躲避。

她说,很自私的自我出现时,可以顺畅地表达;没有自我时,表达不出来,但是不会那么难受了。两种状态都会出现。事实上,在这种情况下,她需要有一个自己的空间,可以不断地把看到的、听到的、感受到的回收进来。就像是一个空的容器,一些物质慢慢地填进来使它不再空着,进来的内容积累到一定程度,就会具象成为自我主体,届时它会具有独立的生命力,可以有很多自主的表现,例如灵感、创作、新鲜活力等。

二、找不到出口

百合在关系中希望得到妈妈和老公的关注,但是他们不善于表达,老公也不喜欢分享他的精神世界。她觉得挺没意思的,如果试着理解他们,自己的感受就会被压抑;站在他们的角度看,有时候就会觉得自己的需求不合理。当领导不理解她的时候,她委屈得哭了。接着她分享了一个最新梦中的意象。

百合:我在梦里找走廊的出口找不到,不断进去老旧宿舍的房间,但出不去。我在七楼找到孩子。

分析师:七楼会让你想到什么?

百合:公司的七楼有个小卖部,东西质量一般,价格还贵。小时候我们院子里的小卖部让我又向往又害怕。妈妈在小卖部定了牛奶,让我去拿回来,结果那里的奶奶给我展示新玩具,非得要我欠着钱买,之后来还钱。结果,我非常紧张,因为零花钱少,我只有靠给舅舅干活才还上钱,还不敢告诉爸妈。我因此一个寒假都没过好,觉得很羞耻。

梦里的集体宿舍,是上下铺且走廊窄。她不太情愿过集体生活,但也不能拒绝,甚至会积极投入。上学的规则很无聊,但我也会老实遵守。高中住校时想去朋友家玩,老师发现了,给父母打电话,父母不满,也没有维护她。集体宿舍的意象代表了她的集体意识,百合说发现自己有部分是孩子,发生了事情需要找一个人来责怪,自己承受不了压力。不敢轻易尝试穿衣服的风格,别人会评判,得满足他们。自我没法表达,犯了错也不敢承认,怕被骂。她也想过从宿舍搬出去，学校是比较简单的庇护所，没有什么责任，毕业了庇护所就没有了，自己面对风风雨雨，更独立了。

分析了一阵后，她突然想起梦中走廊的出口就在对面，是向下的楼梯。那么，集体意识压制的突破口是什么呢？老师和家长都在宿舍那头，向下在意象上常常是无意识的方向，如果想要走上独立自主的个体化道路，就需要向内探索。

百合：小孩子有蓬勃旺盛的探索尝试状态，我自己循规蹈矩，期待不走寻常路，羡慕别人可以任性，虽然感觉不是很友好。我期待老公可以跟我分享他的日常感受，那是精神性的世界，那样可以给我带来确定感。

她觉得，确定感足够的人才可以走不寻常的路，生命力才会旺盛。而她的确定感并不足够强大，只能走寻常路。有一个同事，工作认真，同时发展了很多兴趣爱好，后来就辞职了。这里的路寻常与否，是不是平常人们眼中的所谓主流的道路，或者走的人少的离经叛道的路呢？其实，对于百合而言，自己安排的道路，就是"不寻常"的路；不是自己安排的道路，就是"寻常路"。这跟走的人多少没有关系，"个体化≠与众不同"。她想得到生命力和确定感，生活中循规蹈矩听话的她没有发展出自我的丰富性，相对单调的工作占据了生活的大部分，并且她还有很多时候是不能自己做主的。因此，她的生活里对老公有较高期待，希望他能够给自己带来多样性的滋养，但结果并不满意。

她想依赖父母，把他们的东西加入自己这里，但又意识到这部分是不属于自己的。在这个意义上，别人不能充当我们接触世界的手和脚，只有靠自己实实在在去探索、拓展、吸纳，打开自己的感受世界，才能从自然和社会中获得滋养和生命力，这个从她后面的意象中也可以体会到。

恐惧让人们不敢打开自己，只敢通过别人的手来接触这个世界。她发现自己没有确定感，只有通过和人比较才能确认自己。妈妈外出时，她就会害怕被抛弃，像是孩子失去了依赖，于是讨好迁就。几乎同时，百合意识到，自己不害怕领导了，他们并不能让自己失去工作，自己还是有能力的。领导有明确的反应，可以不过多占用她的心理空间，如果没有明确态度，就像是摄魂怪，可以偷走她的能量。她以打开、自然的状态和领导相处，没有那么消耗纠结了。

虽然工作上她比较独立，但实际上因为恐惧，她有很多自己的部分没有长起来，空白的情感部分期待有人陪伴支持。如果是在宽容、安全、不被挑剔凝视的环境中，自己可以慢慢发展起来，是可以给她力量但不会占用她空间的。

分析师：你的情感世界是什么样的呢？

百合：是磨砂的半球体，一个小女孩站在半球边缘，手里捧着一朵红玫瑰。在里面看不见外面，在外面看里面也不清晰。小女孩想保护好手里这朵玫瑰，我的孩子就像是这朵玫瑰。

充分情感的滋养才能让自我丰富发展，让生命更有厚重感，从而打开更大的格局，得到更多角度的支持，生命力会更充沛，同时不需要埋怨别人给的不够了。心理分析在这个意义上就是给来访者安全的情感滋养，她一旦发展出来，就像展开了太阳能板一样，可以给自己发电充能了。

三、创造的空间

百合表示，现在她需要一点点自己可以创造的空间，即便是重复性的工作，她仍然考虑如何优化，让自己的想法有空间表达，把该做的都做了就放下。

她专注于当下的事和感受，过程希望能够更多地表达。以前一直觉得表达可能会被评价、被打断，缺乏勇气，经过分析，她意识到在琐碎生活中有勇气把感受表达出来，慢慢就有了稳定的内核。接着，她说了一个最近的梦中的意象。

百合：我梦见我和一个女性在一起，很亲密。她从长发变成了短发，我反复去看是男性还是女性，后来确定她是个女性且具有攻击性。

分析师：你什么感觉呢？

百合：假小子的形象让我感觉到她的欲望和攻击性，我觉得还挺好的。

"假小子"既是女性,但又以男性的形象出现,这样的话对于百合而言,她就能够没有障碍地表达欲望和攻击性了。梦里她和假小子亲密,让她离情感表达更近了。

谈到女性的欲望,她联想到的是"压抑",美而不自知。妈妈一直很强势,对表妹很温柔,她觉得很嫉妒,期待妈妈的温柔,想象中如果得到她会哭一场,因为她觉得温柔是一种接纳和肯定的感觉,自己做什么都会被接纳。她一直不知道自己喜欢什么,被"冰封"的自我大概也是没有在这温柔的情感中融化。对比之下,男性的欲望可以比较直白地表达,想要什么貌似是天经地义的,可以直接争取,和权力、地位绑定在一起,随时可以想,也可以随意凝视女性。

分析师:那么女性是什么处境呢?

百合:那个画面就像是一只长着角的鹿被围猎在中间,经历了多天的战斗,它冲了出去。它出去以后,围猎的狮群就没有战斗力了,地上也有鹿同伴牺牲了。大家一起战斗,先行者牺牲了,后面的人有活着出来的。

分析师:女性怎么样才能有力量和勇气冲出来呢?

百合:女性在面对民族大义时会有力量,比如支援灾区、爱国情怀等。如果前面有牺牲的人,后面人出来的阻力会小很多。或者有父母给女儿保护和托举,又或者女性自己长得有力量一点,身体强健、有足够的智慧和技巧保护自己也可以出来。

对女性的欲望,自己接纳就好,让自己开心。其实自己本来就是完整的,只是投入各种角色中忙碌,比如女儿、妻子、母亲、员工等,抽身出来就还是原来那个自己。工作上她也可能会因为波动而焦虑,母亲永远是全知全能、不会犯错的形象,还有其他各种关系,都会让她觉得自己不够好,甚至很糟糕。

现在有时候她觉醒之后,时常哭着反问自己,之前自己是在干嘛,为什么要允许别人伤害自己,照顾别人却没有善待自己,为什么不照顾好自己,一次又一次给别人伤害自己的机会。

百合：我做了一个梦。梦里鼻子上有黑头，我挤了很多东西出来，抹了偏方蜂蜜加面粉混合物，扯下来有点疼，但是干净了很多。

分析师：那你会联想到什么呢？

百合：鼻子会想到性器官，黑头是脏东西。现在我脑海里一下子出现一个意象，地上出现一块血污，上面长着一棵绿色茂密的树。天上有银色月光照着，一个半人半兽的狼人，会变身，能力很强，但野性不受控制，它害怕不知道会毁灭别人还是自己，或者是世界。

分析过程中，她表示有些话说出来别人会误解，有一句话是，被误解是表达者的宿命，说出来就不受控了。她看到血污的时候联想到恐怖、毁灭、灾难，做得好才能得到爱，否则就是被抛弃的害怕。面粉和蜂蜜则是温暖、满足、丰收的感觉。当孩子给她甜蜜时，她自己独处时，妈妈关心她时，她都会有类似的感觉。

与妈妈依恋很深，担心妈妈受不了，所以有很多东西百合是说不出来的，不敢说，压抑了正常的情感，不高兴、害怕都不肯说，或者不照实说。她知道说出来就不占自己的空间了，坚持不说是执着于一面，怕人误解自己。实际上，有想法不是坏事，考虑别人而不表达其实遏制了主动性。如果能够尊重自己的念头，冒自己的泡泡，顺其自然，就算有"阴晴圆缺"，但都是完整的。

置于别人的标准之下，让渡主权给他人，被别人带节奏，表现自己在乎别人，像是随时会被吹走的落叶，生命力是死的。

她说孩子有情绪发到她身上时，她感觉到自己的愤怒了。百合的爸爸工作不顺时有情绪发到她身上时，她可以表达，但是妈妈有情绪时，她有很多对妈妈的担心，不能直接表达情感，不高兴、害怕都不会说。也就是说，她感觉到妈妈是压抑委屈的，情感因为不直接表达，显得更沉重。把表达自己变成表现自己给他人看，在乎他人的反应，生命力就是"死的"。

说到她自己，她连写日记时有些情绪都没有办法表达出来，一边写一边审视挑剔自己,这样写是不是不合适等。

分析师:可以怎么做呢?

百合:我想要多关注自己,比如不想去就说不想,好好地感受自己喜欢什么,说出来会放松很多。

分析师:有什么是你不敢说的呢?

百合:小时候有些事情不敢说。有一次家人出去,不带我去。我很生气,他们没有支持我的想法,不想带我去也不跟我说。于是,我把乌龟扔了出去,不见了。

分析师:如果你可以和小时候的自己互动,你会做什么呢?

百合:我会抱抱她,跟她互动交流一下。我觉得自己不被信任,没有人站在我这边。如果有人愿意跟我沟通一下,我觉得是重视我,结果没有,我觉得自己是被无视了。

百合表示,过程中她的感受被无视,结果每次她自己回想起来,就会审视和评价自己,不应该这么发怒弄丢了乌龟。"结果我也在审判她,再一次忽视了她。"百合说。

四、疯女人的意象

家里每次有矛盾的时候,婆婆总是护着自己的孙子,也就是百合的孩子。她又生气又有点嫉妒——为什么没有人护着自己?百合想让妈妈多和自己聊聊,但似乎别的事情都比自己重要,她在关系里没有学会有意识地维护自己。

咨询中百合聊起她的一个同学T,其实她知道T和她交朋友并不是出于真诚的友情,而是有一些其他的目的,因为百合可以帮助到T,这让百合很不舒服。在交往的过程中,她感觉T很强势,聊天时T想回消息就回,不想回就不回。她一直觉得自己不受尊重,但是也这么保持交往。

百合:我终于把她删掉了(露出了微笑)。

分析师：你什么感觉呢？

百合：我有点舒心，也有点不舒服。我头脑里会出现很多这么做的后果，但是心里不烦了，可能是自己多了一些力量，可以主动和不喜欢的人和事说再见。

青春期的时候，我希望能够让父母看见我、接纳我，这样才能产生自我确定感。在分析过程中可以说出来，并且不被审视，不怕失去，我会觉得更有确定感了。

百合：我梦见自己拿着自己喜欢的积木自慰，结果过程中积木断开，并且在滴血。

分析师：这会让你联想到什么呢？

百合：玩玩具的时候是属于自己的时空，我觉得有能力让自己高兴，而不是等待别人满足我。积木断开让我觉得恐怖和羞耻，觉得性高潮是不应该有的，但我确实从中获得了快乐。这让我联想到很多我体会到的实实在在的快乐，我是觉得不应该的。比如，偷偷看电视、吃垃圾零食、谈恋爱，我就马上会受到惩罚。

初次的性体验，她说当时心情很复杂，怎么这就发生了？不敢拒绝，也不敢接受，拒绝怕对方不高兴，也有好奇心，同时害怕自己因此不纯洁，怕痛。它并不是完全自然发生的，她之所以接受是有点迫于对方的需要，想起来心里委屈。因为害怕破坏关系，她选择忽略了自己的部分感受。

百合：也许是因为长时间忽略感受，直到后来，我关注自己并有强烈的感觉时，会感觉到羞耻，不允许自己快乐了。

经过细细地分析和体会，沉默了半响后，她谈到，其实她还是很能照顾自己的，打扫、做饭、解决问题、打球吃饭、打麻将。

其实百合在生活和工作中的能力是很够用的，但是如果一件事情找不到意识上明确的理由，她就表达不出态度。例如，初次的性，她因为找不到明确的理由，又或者外在看起来有接受的理由，她就表达不出态度，其实她当时是有态度的，就是不完全愿意。但是，貌似只是自己的态度，觉得分量不足够表达出"拒绝"，换句话说就是：自己的态度是分量不够的，必须要加入其他客观的原因才够分量。发展到后来，态度就变得越来越不重要，越来越被忽视，只有客观因素才是重要的。对很多事情都屏蔽了自己的态度，于是慢慢的对喜欢什么也变得麻木模糊起来。精神层面她自己被严重忽略和压制了，这大概是她总是觉得委屈、愤怒、不平的原因。

简单来说，只有当外在看起来有明确的理由，比较之下的结果能够说服所有人，才能表示"可以做"或者"要拒绝"。但是她漏掉了一个很重要的角度，那就是她本人的意愿，"愿意"还是"不愿意"。

长期以来，她的态度被忽视，她没有话语权，或者即便是有态度，其力量相较于外在其他力量来说也很微弱，很多时候让一些女性感受到压抑，由此引发愤怒、歇斯底里。

说到这里，她想起一些自己表达态度的时刻。

小时候她成绩好，一个女生 G 成绩不好、人很高大，老师让百合把 G 考得很差的成绩单带给 G 的家长，结果 G 对她动手，她反抗了。另一个女生 S 掀翻了她的水杯，她也表达了不满。女生们在那个年纪喜欢通过搬弄是非、说人坏话来获得众人关注，她并不认同。百合愿意交朋友的女生，并不是因为搬弄是非受欢迎的那个。她也想获得关注和认同，但是不想用这种方法，也不想卖惨示弱获得关注，自己本来就优秀，干嘛要表现得悲惨以让人同情。

百合：梦，是在小时候的教室里，从侧门走出去有一条长长的路，是去卫生间的方向。我很紧张，因为要经过操场，怕遇到坏人。好像我心里藏着事情不想被人发现，担心害怕极了。

百合联想到有一次自己寒假作业没有写完，很怕老师发现。结果，老师没有找她，这次她发现老师不看寒假作业，就没有那么紧张了。

百合：梦的意象里，我走在江边，突然涨潮了，大浪往岸上涌，我躲进了一个废弃的毛坯楼，女生们都躲进了这个楼，一个巨大的飞船撞到楼上。只有几个没有上课的女生活着，我也还活着。

百合分析时说到，人际关系的"集体意识"对女性有一些客观的要求，在一定程度上会压抑女性意识。女性努力地工作和生活，但她们的自我还是简陋原始的毛坯楼，能够存活下来的竟然是没有上课的学生。这说的就是女性的敏锐天性保存得好，即能够看到表象下的实质人的生命是"活着的"。如何才可以获得这种"活生生"的状态呢？需要相信自己的感觉，不盲目卷入外界的、他人的标准中，灵活的适应环境建设自我，按照自己的节奏将自然性和社会性有机整合。

百合：我梦见自己在厨房，妈妈在房间外面发疯。后来爸爸出去，妈妈非得进房间里。

分析师：你想到什么呢？

百合：其实我希望妈妈可以发一下疯。妈妈从来都是好沟通的，替人着想，维持着美好的人设，她很少失控。但是我希望她有情绪也可以表达，端着很假、不真实。如果她可以发疯，至少更能够表达出来。

这也可以解释之前她梦中的歇斯底里症的说法，因为压抑不表达，情绪积累才能在不经意间通过发疯的方式释放出来，这也是在很多女性的意象里常常会出现"疯女人"的原因。

五、允许自己做个孩子

近一段时间，百合给自己买了毛绒玩具，抱着睡。她和孩子在一起也像是两个小朋友一样打打闹闹。她还迷上看小说，羡慕里面那份偏爱，主角能够相信爱，在世俗眼光中还是可以做自己。

百合：我觉得小说主角随时有地方可以退。我自己在靠近人群的时候，既高兴又厌恶。我需要有人在身边关注我，如果在人群中，我下意识会期待有人关注，但是实际上我又感觉到压迫，不完全是自己的状态了。

分析师：那怎么样才可以在人群中保持自己的存在感呢？

百合：当两人都是成年人的时候就可以。因为成年人有自己的空间，可以退守到这个空间，用倾诉或者兴趣爱好等方法把别人的存在消化掉，把自己的存在补充回来。身边的朋友他们都是完整的自己，而我是碎的，靠周围的人拼凑出自己。所以，我是孤独的，不敢一个人面对生活，是一块一块地附着在他们身上的。

分析师：怎么可以收回来呢？有什么画面吗？

百合：我脑海里的画面，在一间房间里，我一个人坐在床边哭泣。这间房间有点像以前我单身时住的房子，有柜子、镜子、书桌、床。木书桌有点旧，但蛮结实的，上面摆着小花、书、笔、茶、台灯，小小的世界还挺好，能让我和自己在一起。小台灯打开后很温暖，可以写作业、学习、发呆、想自己的事情，安全不被打扰。地板是光着脚可以踩的木地板，房间里都是自己的东西。我看到镜子里的自己，觉得好好笑，怎么哭得这么丑。这个地方让我觉得有爱，是可以退的地方。

意象里百合描述的是她的精神世界，她需要有个地方可以存放精神内容，不至于和人群一接触自我就被分解消散了，哪怕是别人的喜欢或者不喜欢，都可以回收存放的这里，在这个地方她感觉到自由放松，高兴且孤独。女性先锋英国作家弗尼及亚·伍尔夫用一生与维多利亚时代对女性的成见做斗争，不满女性只能过封闭的生活，并且反对身体的禁锢、头脑和情感的压抑。在《一间只属于自己的房间》里，弗尼及亚·伍尔夫认为女性拥有情感沟通和暗示的力量，直截了当地表达虽然令人畅快，但失去了某种沉默的创造力。景象与情绪早于语言，让心灵产生一种波动，忽略像出生、婚姻、死亡这样的标志性事件，寻找塑造生命的不经意的瞬间。她在书中留下了很多动人的句子："在这间属于自己的房间里,她不需要怨恨任何人,因为任何人都伤害不了她;她也不需要取悦任何人,因为别人什么也给不了她。""不必行色匆匆,不必光芒四射,不必成为别人,只需做自己。""我要用自己的头脑做武器,在这艰难的世间开辟出一条路来。"从中我们可以逐渐认识到,女性想要有完整的自我状态,需要一个自由安全的空间保护。"只要女性不处于受保护的地位,什么事都可能发生",它表达的是有一个不会被攻击和影响的空间,在其中可以安全地舒展自我,这个空间既是实物层面又是象征层面。

六、觉察看不见的设限

百合回想起有很多时候都会有尴尬的情景。比如,老师要求带漂亮裙子参加舞会,她觉得没有拿得出手的裙子,但只说漂亮的裙子穿不下了;音乐老师要求带筷子做敲击练习,她也总是莫名其妙忘记;卫生检查需要带杯子、剪指甲,她也是经常因为没做到而被批评。

分析师:为什么不说呢?

百合:因为怕家人觉得自己麻烦。自己已经是个包袱了,再提要求怕会被抛弃。

害怕被抛弃,是女性心理成长中常常反映出来的情结。百合表示认同,直到现在,虽然家庭的主要经济支柱是她,但她偶尔还会觉得自己是个包袱,她自己也表示非常不理解。接下来的这个梦也许有一些启发。

百合:梦里是在街上,一对母女来抢我,她们一个是神经病,一个是残障人士,我赶紧跑上公交车。后来那一对母女也上了车,我劝母亲理解女儿,女儿其实挺好的,精神没有问题。

经过分析,她发现那对母女是想抢她回去做女孩(她自己)。女孩的残疾实际上是先天不足的象征,这种不足并不是身体层面的,而是精神成长缺乏营养。小时候家人常常说条件差,面露难色,她能够感受到家人的紧张焦虑。家人生活不如意的时候，就把情绪发泄到了最小的自己身上。她经常被忽略，不受重视，这些都会让她觉得匮乏，会不会因为不够而放弃自己呢。梦里她对母亲说，你女儿是健全的，这可以理解为作为她自己慢慢开始恢复女性意识。

现实层面，百合表示很多时候她止步于稳妥确定的事情，不敢迈出探索的步子。在两性关系里，男性优秀一点就会被注意，女性则要付出很多才能被注意。男性的欲望更容易主动表达且还能强加到他人身上，而女性大多时候是被动的、被误解的，不能面对现实、面对自己，也很难平等地看待关系。由此可理解为什么很多女性能力很强却不敢打破框架限制，创造性、突破力不足，有时候甚至无意识地自我设限，不敢太能干，这个低价值感的意识成为女性看不见的阻碍。

百合：我脑海中出现了一个黑脸黑衣的男人坐在皇位上，他拿着权杖、带着皇冠，瘦且精干的样子。

分析师：为什么是黑脸呢？

百合：脸黑是因为其不断被侵犯。如果受到了足够的保护，甚至是被支持和拥护，那状态就会变得放松、自然、祥和了，有一种森林里穿蓝色裙子的仙子的感觉。

百合回到了小女孩情感敏锐的心理状态中，被人不小心撞到了，她会有情绪，老公劝她自己去挡住，她就会觉得没有被维护。在工作状态中，她很多时候是以黑衣男人的形象示人的，接受半年分析后她放松多了，敏感度也增加了。

七、获得松弛感

百合表示她喜欢强大的伴侣和朋友，恐弱甚至不允许自己有弱的地方，这是为什么呢？分析中，她觉得她对自己的认知是不清楚的，觉得自己的内核很空，她通常认识自己的途径只有比较和竞争。如果是这样，当然是强比弱更能吸引自己，否则就会产生自己很差的自我意识，这大概是所谓的慕强的心态根源。事实上，在这种比较之下才有自我意识的状态中，自己很难有坚实的内核，即使已经取得一般意义上的成功，也可能会感觉内在空虚。此外，这种心态还表现为不允许别人解释，直观地讲就是听别人说话会占用自己的空间，外表的强势似乎表达的是"我只能赢"的含义。

想要放松下来，需要转化自我意识的获取方式，即从比较和竞争的方式，转变为以自己的感受为主线、以自己的主体为出发点、离自己近一点的方式。

百合：当我想到要自己纯粹独立地活着，就觉得没有安全感，不敢去想。

百合一直没法依据自己的感觉做决定，外在的声音考虑得多。独立生活需要她来做所有选择和决定，而她自己的声音却几乎微弱得听不到。如果她可以慢慢地多听听内在的声音，以感受为线索，虽然也可能会在竞争和比较中使自我价值感受挫，但是不会动摇主体和根基。就像前面说到的，有了自己的精神房间，即使在外面世界有得失，也能够回到自己的空间里享受与自己待着的感觉。有了主体，对生活就会有安排，她有时会脱离外在标准，有时会与外在标准重合相交，但她自己会更有力量。

百合：婆婆会说，女司机倒车不行；妈妈会说，爸爸记性更好。她们都很自发地把更好的位置和价值让给男性，貌似男性比女性更高一筹。但是我在精神上更认同女性，我觉得婆婆比公公优秀，我自己和女性交流更流畅，觉得女性优点多于缺点，实际上对男性没有太多好感。

百合：我梦见在小学宿舍里，熄灯了，同学们还吵吵闹闹不睡觉，老师来了，我赶紧藏在窗户后面，但是被从窗户伸进来的手抓到了，吓得我惊醒了。

分析师：你感觉很害怕，身体的感觉、恐惧的情绪、大叫的反应，当下完全统一了，是吗？

百合：是的。

她发现自己身心一致的时候越来越多了，觉察到自己关注自己更多了。

她休息日一阵子不看手机，就有无数个留言和很多未接来电，她感觉到沮丧，出来哭了一阵子，找了个地方吃点东西，好了一些。她喜欢的明星具有少年感，真实、热血、冲动、有情绪且可以表达。

小时候老师查寝时，如果别人被抓到而自己没有，她就感觉同学对她有敌意。敌意像是一个"盾牌"，隔离在她们之间，她们就站在她的对立面。对面的人强硬，她就自卑；反之，对面的人自卑，她就强硬。而对立让她有了比较、竞争的意识，离开了整体感，她只能成为其中的一半，这也许是精神痛苦的根源。

回忆起来，百合十年前就开始探索自我，但是是模糊不清的。她很多时候感觉能量不够，需要更多的关注和支持。

百合：我有一个意象，一朵紫色的喇叭花，往里装东西、喂东西、喂饱舒适，并且可以永远喂东西，就不断会有满足感。

她觉得自己在吐故纳新，可以通过吃东西、精神思考、吸收新知识达到能量增加的状态，但是获得别人的关注似乎能量来得更容易。

分析师：如果退远一点看，你会有什么感觉呢？

百合：远距离看，紫色喇叭花成了一片花田，是田园乡村的舒适感，视野更开阔了。天大地大，豁然开朗（停顿了一阵），我觉得画面都光亮了起来，获得爱的角度更大了。

通俗意义上的格局大些，即不会纠结于是否得到关心、付出是否得到回报，等等。经过慢慢地分析体会，她表示很多事情即使知道了规律方法，也不一定能够去做，有时候真是没有这么简单狭隘的。没必要太用力，用力也没用，不如回来稳稳地做自己。

在工作上，她不知道应不应该为了升职而付出，因为这样可能更加没有自己的时间了，但是放下也很难。回想恋爱时，和男友相处并不愉快，她觉得不合适，但还是难提分手。在工作上她不太想因为升迁而迎合很多事情，但是她自己也分辨不清楚到底是自己没有能力做到，还是在主动放弃。实际上，她的价值体系多数需要外界给予关注和肯定，她很难依靠内在的感觉和态度做出决定。她习惯了在大众的价值体系里竞争比较，思维也逐渐形成定势，放弃了大量建立自我的空间、时间和精力，没有机会建设属于她自己的主体，所以没有力量支撑她做出取舍。

不久以后，百合报告了一个新做的梦。

百合：我上了一辆公交车，寻找自己的座位。我后来去学校上课，发现自己走反了方向，索性就不去了。车上有一个老太太紧挨着我，她的样子有点丑陋，仔细看原来是一个公主。

梦的意象很直白地表明她正在确定自我的过程中。在分析中，她回忆起初恋的妈妈对她的喜欢和欣赏超过对自己儿子的，觉得她比儿子更优秀，并且会直接表达出来。说起这个是因为在通常情况下，人们不会说出来，而是隐藏在表面关系之下，绝大部分的时间活于第一人格之中。而初恋的妈妈的第二人格竟然超越了第一人格，并且还能够表达。她在一个身边的女性身上罕见地看到了强大的个性，而不是被潮流大势、角色、身份、甚至血缘淹没。从表情可以看出百合的羡慕和向往——对方是一个真实的、有血有肉的人。

分析师：在你眼里，你是什么样的？

百合：我看着自己，确定地感觉我是可以照顾自己的，没有想象中那么弱小，自己各方面都还不错的。

百合：人们宁可去编故事，却没有人发现主人公就在那里，没有人去关心她。明明真相就在那里，大家就是选择不看，去编自己的故事。

此时，百合是以她自己的第二人格来表达的，语气确定而温和。如果是第一人格的视角，人们都是存在于多个角色视角中，例如女儿、妻子、妈妈、同事等，不同的角色对自己的评价态度各有不同，在这种局面下很难生成对自我认知的确定感，有的时候会带来混乱的无所适从，因此最终还是需要第二主体人格来整合支撑。

百合：领导批评别人的时候，我隔着门都可以听到，别人都没听到。平时我也对别人突然大吼非常害怕。和别人合作时，我也容易感觉到不安全，总是看到别人有问题。

女性情感体验能力较强，对外在关注和连接更多，忽略主体人格的建设，很可能导致敏感、情感脆弱、容易崩溃、歇斯底里等，外表看起来情绪失控，但实际上是因为压抑了真实情绪和感受导致。换句话说，正是因为情感丰富、共情能力强而压抑了自己的真实感受。

百合表示，工作中同事尤其是领导不表态不回应时，她就感觉很抓狂。没有确定的感觉，让她更需要照顾外在关系，更少投入在自己身上。幼儿园时，有一个老师明确表示很喜欢她，那段时间她最愿意去幼儿园。在工作中她不想自己被"灭掉"，如果自己也认同自己只是工具，就真的被灭掉了。

分析师：为什么会被当作工具呢？

百合：因为这里的生存资源不足。

分析师：那想要保持生存怎么办呢？

百合：我想如果是小鹿的话，就逃离这里，到一个有丰富食物的地方生活。又或者不做小鹿，而是狮子。

分析师：什么样是狮子呢？

百合：狮子就是确定有能力的，是自信的，也不太会被周围环境影响分解。我喜欢孩子，因为他们是被"阉割"得少的群体，天性保持得好。

分析中讨论了"怎样可以给自己创造一个安全且资源充足的环境"这一问题。在既有的体系里，标准是他人制定的，需要足够灵活、有办法，才能保存自己的有生力量，使其不被"扼杀"，最终可以长大。

说到这里，回忆奔涌出来。大学时期她自己安排作息，睡到很晚，再去图书馆，晚上不吃饭而是吃点零食。家人给她填报了历史专业，但她觉得自己是有才气的，就自己改回了哲学。后来事实也证明，她理解和表达哲学问题时非常有天赋，一直得到肯定。她逐渐回到了主体角度，获得了一点根据自己的感觉做出选择的确定感，虽然还是会受到各种因素的干扰动摇，但是星星之火已经开始闪烁了。

第三节　迎风而行的茉莉

一个很美丽的 35 岁左右女性，茉莉（化名），从外地赶来分析室，显得紧张和局促不安，怀着希望和一些冲动，勇气中带着谨慎。

她进来后看了一下架子上的沙具，就坐下和我诉说起来。她跟我说出发前因为各种原因行程受阻，要么就是买不到票，要么就是生病了。她之前做过四年的心理分析，还没有摸过沙子（这一次来表示想来做沙盘治疗），觉得有点紧张。

她开始安静下来，一边做着沙盘（如图 4—4、图 4—5、图 4—6 所示），一边谈论她的故事：

图 4—4　沙盘作品 1

图 4—5　沙盘作品 2

图 4—6　沙盘作品 3

茉莉：我从小被妈妈寄养在外公外婆家，小学的生活仿佛是不存在的一样，想不起来了。外婆不怎么说话，外公也总是沉默，他们去世的时候我没什么感觉，并不感觉悲伤，后来很久之后看见像他们的人的时候会想哭。沙盘里的长颈鹿，脖子长长的，像幼年时期的我，等爸爸妈妈来接，等得脖子都长了。

小和尚像是个有思想的人,小的时候我脑袋里想着一个人,这样就不会孤独,其实我的精神世界是空白的。

坐在沙盘里的情侣,让我想起妈妈一直在我面前说爸爸的各种不好,想要我站立场。我也相信妈妈,站在妈妈这边对付爸爸。后来,我发现其实并不是这样的,爸爸没有妈妈说的那么糟糕。爸爸过世的时候,哥哥不出钱安葬,但分财产时我却是没有的。

亲密的朋友只要是没有约我,而是约别人玩,我就会感觉被抛弃,很没有价值,感觉到自己很敏感害怕。因此在开始建立一段关系时,我就会为了不让自己陷入慌张的难受中,主动埋单约对方吃饭买东西,尽快拉近关系。

我是妈妈安排相亲后结婚的,虽然婚姻还不算很糟糕,但仍然感觉不是自己想要的。我觉得回到老公的老家没有归属感,这个地方女人的想法并不受重视,感觉上这里不是自己的家。之前家里所有家务都是我做,我一直都顺从老公,没有自己的想法,所以我们看起来没有争执。后来我发现有了自己的思想后,我们出现了争执,但是老公也开始干活了。

她的精神空间被妈妈强制征用,不能存放自己的东西,不允许有态度、朋友、快乐、委屈等情绪,相当于有妈妈就不能有自己,自己要被"灭掉"。在这样的背景下,她的自我意识被严重压抑,自我力量薄弱,没有办法支撑自己发展出来,缺乏但是又渴望有人能够带领自己走到外面的世界。同时,经过很长时间的挣扎和努力,她终于可以独自到外地做分析,感受到自己的一点欲望,想要被滋养,内心很干涸。

分析师:你觉得生命中有什么是属于你的吗?

茉莉:我学习的心理学知识和生养的两个孩子。现在,我想通过知识去找个工作,让自己具备生存能力。

沙盘里有一只狮子(如图4—5所示),蠢蠢欲动,我很喜欢。它找到目标想出来,目标是面前的一只狼,灰色的毛发,不太健壮,身体不太好。它走到狼身边嗅嗅,想建立关系并肩走走,没有攻击性。有一个伴的话,走到森林里会感觉安全一点,与其他没有什么交集,觉得孤独有点累,想停下来。

我喜欢视频课上有老师的形象,看到他们,我才有动力上课学习,但是我不想有太多连线交流,不想在大众面前展示自己。

森林里,迷茫低落甚至是恐惧,但是又可以休息和获得滋养。茉莉有强烈的离婚念头,也想把命还给妈妈,仿佛通过这样的方式才能拿回一点自我。但是,这也是源于自我完全受掌控,几乎没有真正的自我。事实上,想要获得自我感,并不一定要真正放弃婚姻或者妈妈嘴里强调的自己给予的她的生命,而是可以在婚姻中找到自己的感觉和风格思路,又或者是活出完全不同于原来生命的状态。这就像虽然事情初始是被别人安排的,但是在过程中依然可以不断加入自己的内容,在旧有的皮囊中孵化出新鲜的内涵。虽然她还没有真正长出什么,力量还非常弱小,但是自我探索的生命旅程已经开始了。她对大部分的生命内容都没有自我感,表面上是因为妈妈的控制,但更深层的原因是她因为妈妈的强大而无力参与。儿子是她自己用心哺育养大的,学习是她自己用心累积的。但是同时这也说明了婚姻关系在一开始她是被动接受的,没有转换思维,没有把主动权放在手里用心经营。对于自己的身心状态、人际关系等,她还是处于惯性中,即用妈妈对待自己的方式对待身体,用和父母等相处的方式和别人相处。这种系统惯性"托管"的方式,让她大多数时间里是与真实世界隔离的,蜷缩在内,没有真正发挥主观能动性。这样的状态,如同一个孩子不被允许表达感受。她的感受一直是被忽略和否定的,她自己的很多事情,都不是自己可以做主的,看起来是她在做,实际上是思维惯性指挥着她在做。换句话说,这本来天经地义的属于自己的事情,结果完全成了别人的事了。

一、不断付出的却只有孤独

茉莉第二次过来时,她打开门径直走到沙具架子旁边,迫不及待地进入沙盘游戏。没有太多犹豫,她很快拿来了一个小女孩、一只熊猫、假山、和尚,再往沙盘里加了水。看着沙盘沉默了一会儿,她开始说话。

茉莉:沙盘里的水池,让我想到在六岁的时候,我家门口有一棵龙眼树,我坐在池塘边用脚拍打着水面,发呆的状态,觉得很孤单。后来有个男同学和我玩,我和他手拉着手觉得还挺快乐,但是邻居嘲笑我们,后来就不玩了。三年级我又交了一个朋友,但是他们家和我家爷爷辈结了怨,父母就不让我们一起玩了。

每次到寒暑假我就很害怕,拼劲全力讨好同学,让他们跟我玩,放假了就又没了朋友。开学后又要重新讨好同学。一直到了初中,我才有了朋友。

在人际关系里,我都是不停地付出的一方,甚至是和老公的朋友社交,95%都是我付钱。有一次我发现一个很会照顾别人的人,也在受着我的照顾,我才猛然发现,我是付出了多少呢!

三个人以上的社交,我就觉得不够安全,害怕失去。小时候,家里所有的事情都是我做的,结婚后很长时间也都是我干活。在家里,在家务之间插空复习功课,一听到车的声音就要赶紧去扫地,妈妈看到我在干活就不会骂我。

甚至是相亲的那个场面里,我其实可以不用去洗碗的,但是我会觉得恐惧不适应。

反而,老公出轨之后,我突然看清了,对他的亲戚我不用那么过度付出,这种感觉不太好。本来我和他的侄女关系挺好的,后来有一次他侄女说我花钱很厉害,我发现她跟我也不是真的亲,就不想再跟她来往了。

结婚前,妈妈叫我回来相亲。我工作几年攒的所有钱都给了妈妈,但是妈妈不会拿给我用的,所以我想找个男人,有个家。和老公相亲的时候我并没有看上他,但是因为我一直听妈妈的话,从来没有过什么选择机会,所以妈妈问我的时候,我也不知道如何选择。婚后我依赖老公,不知道有没有感情,觉得他是妈妈塞给我的。

刚从老家搬到S城市的时候,我和老公两个人都很焦虑,两个人都需要情感支持,但身体上却不想靠近,觉得很孤独。

沙盘里的熊猫,看起来很像我的哥哥,憨憨的,没有主见,外强中干,吝啬,脾气大。妈妈偏心哥哥,我和哥哥关系比较疏离。

沙盘里的唐僧,让我想到了老公,和我不是太亲密。他出轨前,我们不吵架,并不是因为和谐,而是我基本没有什么态度,都顺着他。现在我主意多了,反而和他有了争执。

假山光秃秃的,很荒芜的感觉。我在情感方面就是荒芜的感觉。我闭上眼睛,脑海里的画面是黑白色的,突然,我看到一束光照下来,是爸爸牵着我的手(泪光)。从小妈妈跟我说爸爸各种不好,我和爸爸的关系是很疏离的,我们之间很少有温情时刻,我平时和男性人际交往时总感觉很不自在。为数不多的一次是在爸爸癌症去世前,有一次他被我共情到,眼里泛起了泪花。

上一次我来摸了沙子,感觉有些愤怒,回家上网课觉得很疲劳。我突然觉得老公没那么烦人了,之前暑假的时候还和他对着干。

我觉得自己是更重要的,一定要逼着自己出来,好像来到这个城市做分析,就像是来上班一样。

茉莉一直生活在恐惧当中,对她而言最强烈的关系就是与母亲的关系,她总是在可能被责骂、不能安心做自己、需要不停地关照妈妈的状态里,没有办法确定自己可以理直气壮地被爱,她认为如果不足够付出就会失去关系。

实际上,除了妈妈,她和家里任何人都是隔离的,家庭是以妈妈为中心枢纽的方式连接的,成员彼此之间没有直接连接。神奇的是,她对朝夕相处的爸爸和哥哥,竟然都没有太多接触。人际关系的单一,也使她在成年后的人际关系很狭窄,不能够自然应对很多场合,她对女性只了解妈妈这一种类型,对男性更是处于没有开化的状态。关系中,她大部分时候都是被动接受,别人怎么对待自己,就全盘接受。她感觉到了自我态度缺失的痛苦,老公出轨使她从被动沉睡的模式中醒来,开始对事情有了自己的看法,虽然有了冲突,却让她因为感觉到自己的声音和力量而开心。

二、痛苦纠缠的关系

沙盘里摆放着黑白无常、小和尚、小女孩和金字塔。说到分离,茉莉会感觉无力、犯困、愤怒、绝望。

茉莉:跟妈妈的交往就是在魔鬼手底下讨生活。

我有一个女性朋友,她有很多朋友,但是她对别人是很有控制欲的,要求别人只能有她一个朋友。有一次,我在人群中没有关注她,她就坐得离我远远的,让我感觉到内疚和难过。妈妈是谁乖就对谁好,我需要想办法讨妈妈喜欢。妈妈不让我跟别人玩,恋爱和结婚都要听妈妈的安排。

婚后,和老公的生活中,我就好像是个低等生物寄生在他身上,妈妈对我情感虐待、示弱、情感绑架,我现在的关系里只有一个朋友。我对于妈妈对我的控制感觉到愤怒,如果没有就好了。

今天来分析之前,我在家里有很多分离焦虑,有恐惧感,早上就会很不舒服,坐上车之后,成了淡淡的忧伤,车开动起来感觉越来越好。

沙盘里现在放的小和尚、小女孩都没有那么悲伤了,有点愉悦感。

埃及的金字塔让我联想到钱,我坐火车时发现在另外一个站下车离分析室更近,而且还能省钱,我觉得很开心。(外出碰到一些新鲜的发现,拓宽认知边界,是活着的感觉。)有一个女孩在我旁边坐下,很像妈妈的外强中干,她离我很远,我觉得还挺好的。

暑假在老公老家待着的时候,我觉得心里压着一座山,没有办法挪开。

朋友跟别人出去玩没有叫上我,我就会感觉到羞耻,觉得自己没人要,遇到这种时候我就感觉到被抛弃并会头疼。进一步地,我会感觉到自己价值感低,干脆破罐子破摔,想要掐断这个关系,又舍不得放弃,纠结不止,直到下一次碰面之前,每天早上都会想到这个人。老公出轨,爸爸去世,老公领导的老婆有点像外婆和妈妈的混合体,她叫我一起去看家具,但是又冷落我,我感觉情感上受到压迫和剥削。

以前几次分析,我都是和分析师结束得很突然,最初一个女分析师,我主动提出结束分析,对方答应了。后来我陷入抑郁当中,又找了一个男分析师,我状态不好的时候提出来结束分析,他说比较担心我,如果需要我也可以再找他。

到现在我已经来了三次了,第一次来感觉很顺利,提前到了,还在按摩店推了下背,第二次更好一些,这一次也感觉挺开心的。

别人听说我跑这么远,问我有意义吗。之前男性分析师也劝我不要这个时候分离,但是我想自己拿主意,虽然自己做了决定之后还是会自我怀疑,但是不妨碍我的行动,我还是真的会过来分析。

小的时候,我在家里,好像是在"魔鬼窟"里成长,惶惶不可终日,不敢交朋友,只能等妈妈回家。我不敢玩,不敢写作业,因为妈妈回家看到我在写作业就会骂我。我只能围着妈妈转,没有安全感。妈妈很容易生气,家里让人感觉是四处漏风的,家里来了任何人都可以对我评判两句,妈妈指责我,那些大姨也会羞辱我。我觉得过去像行尸走肉,自己只有一个身体,里面的东西都不是自己的,妈妈拉着自己站队,要我和她一起讨厌谁,我把这些很当真,支持妈妈,但是后来发现妈妈不是真的讨厌他们,还是会和那些人来往。我像是一个傻瓜。

妈妈恶劣地对待我,但是我却没有办法恨她,只能找老公领导的老婆来承受我的情绪。突然,我觉得,小的时候被寄养在外婆家,不和妈妈在一起,也许对我是更好。

黑白无常的沙具,像是爸爸,有一种悲伤。我很怕鬼,我的喉咙是卡住的,从小不被允许表达,不被允许参与大人的谈话,妈妈讨好姨妈、舅舅、外公、外婆,对我和爸爸、哥哥却很控制。

我自己没有体验过青春期的状态,现在倒是一身刺,开始有了一些想法,当别人讲观点的时候我也有了一些自己的思路,开始敢表达,能够感受到别人语言的力量,觉得很强大。别人曾经夸耀他们自己多么会照顾人的自我评价,我却不这么觉得,我看到了更多其他的方面。

在关系里,茉莉总是会遇到毁灭感,只要是不顺从妈妈就会被威胁抛弃,怎么都抬不起头来,价值感显得很弱小。在依赖关系里,妈妈本身价值感不高,强悍的外表下内心虚弱,茉莉又被要求依附在妈妈身上,自然不会有多少荣誉感。当自己的主权和行为统一时,会以自己的意愿为引领,不会被别人分解出去。

在和之前咨询师的关系里,为了报复被母亲抛弃,她也观察尝试抛弃对方会怎么样,同时也为自己与母亲分离做准备。在与母亲、老公、其他人际中受到各种冲击和伤害,她在旧的自我之下,已经非常难受了,分离既是她急切需要的,又是非常艰难和令她恐惧的。

能够在各种质疑和劝说下坚持来分析,说明她终于开始相信自己,支持自己的决定,不怀疑不动摇。这是她自我力量的逐渐突破,一旦突破了卡脖子的瓶颈,力量会有很大增强。

妈妈不允许她保护自己,只能围着妈妈转,不仅没有给予保护,还会联合他人一起羞辱她。妈妈没有办法守护自己和家庭的边界,别人可以随意入侵,也不允许孩子有自己的边界,茉莉成长的过程充满了精神上的伤害。在不允许表达的环境里,茉莉的精神生命是被遏制的。

茉莉对妈妈有投射性认同。同为女性,母亲对待女儿和女儿认同母亲紧紧相连,母亲的控制和人格上的缺陷让女儿无故受到很多伤害,强大的母亲和弱小的女孩之间的确存在巨大的力量差异。同时,女性天性中的共情力、敏锐情感、爱,使她们更容易陷入讨好状态,被讨好的人们,很少会按照对方期待的积极反馈剧本行动。换句话说,女性期望在情感互动中得到积极反馈,产生彼此爱的流动,但是一直得不到爱的反馈,让她们陷入自己不够好、被抛弃的感受,从而带来自卑、低价值感等阴影面。没有爱的回应,也不允许她与爸爸、朋友等建立关系并从中获得回应,把她的情感耗竭到干涸,感情世界一片荒芜。

如果想要建立良性的互动回应,可以在客体关系上做一些调整,又或者可以从一些更可靠的事情中获得积极情绪回应,比如一些健康的兴趣爱好,如下棋、园艺、绘画、音乐、运动、钓鱼、旅行等。

三、需要被关注

她来的时间比约定的时间早很多,摆沙盘时表示只对人物沙具感兴趣,对其他植物、动物、物品沙具都无感。沙盘里放进来人、神、砍大刀的关公。

茉莉:看到拿大刀的关公,我想到他能够镇宅。上次在网络平台上注册心理倾听师,电话马上打进来了,对方性变态,一边打电话一边自慰,我没有预料到,觉得很不舒服。后来我想了想,这个倾听时间的定价过低,2角钱一分钟,门槛很低。而且,我用的是自己真实的头像,女性好看的头像容易吸引性变态的骚扰,我没办法,只能先拉黑他。

后来,打进来两个倾诉的电话,我觉得分析的过程卡壳了,是因为自己着急让对方按照自己的来,没有能力做到真正的倾听。后来,我听了别人的建议,把每分钟单价提高,骚扰电话就少了。

某个心理平台开的课还可以,但是我在犹豫要不要去上,因为上课的过程中总有挫败感。例如,老师提问让学员回答的时候,我想应该要参与一下,但是却不敢表达,怕别人觉得我的回答很幼稚可笑。每次上完课都要写作业,可是我不太会写,觉得自己不行。这些感觉让我对上课望而生畏。

我注册的倾听师平台大部分是刚进入心理分析行业的新手,开始尝试的阻力比较大,老师在指出我问题的时候,我的关注点不在解决问题上,而是在自我攻击上。我只剩下一个沉重的念头,就是自己不像分析师的自我怀疑。然后,扑面而来的失落、渴望、挫败、难过将我淹没,我掉入黑暗的深井里难以自拔。我学习心理学几年了,脑子里装了很多东西,但是我不知道如何消化使用,也不知道怎么转化为我的职业前景。

来外地分析，出发前我心里有内疚感，心情跌到谷底。车子一开动我就感觉到悲伤和孤独，但是内疚感没有了。在家里上网课前，下载了学习软件后，我就感觉全身无力。

分析师：如果用一个意象来表达你自己的状态，是什么样子的呢？

茉莉：（沉默了两秒钟）我看到一个墙角的小女孩，可以看到她的脸，周围不是全黑的，有光。她恐惧，试探着看看周围有没有人，没有找到人，她蹲在那里，蜷缩、羞耻、孤独、悲伤，觉得自己是没有人要的，爱哭。明明自己是活着的，但却走不出房间。用力拉她也很费力。

房间外面是有阳光的，花园、蓝天、白云，她能够出去也能够回来。小女孩在门口转一转就回家了。

分析师：那你现在走出房间，看到了什么，什么感觉呢？

茉莉：现在外面是白天，此刻她没有想着要转一转就回去。女孩穿着裙子高兴地转，看到一点海，不完整。有一条石板路，路貌似很宽，但是只能看到一点窄窄的边。路边长着一两朵白色的野菊花，干净、阳光、有生命力。女孩走得不远，最远就是走到海边。

在对上课的态度上，她的自我意识没有足够的空间来为自己安排调整，仅有的对上课学习的一点认知停留在年纪比较小的阶段。事实上，她有很多变通的方式可以选择，例如上课可以不用回答问题，回答不出来被点名也可以直接表示不会，又或者可以尽力写作业，不用太纠结于作业的正确程度有多少。如果实在觉得心理压力大，还可以跟老师直接沟通一下等，她并不是只有退缩放弃这一种方式。

答不出问题会让其陷入自我怀疑，现阶段她想要发展自我的力量是不太够的，还需要时间沉淀，需要增加社会化的信心和对自己实践能力的把握。只是关起门来学习，是不足以真正完成自我成长的。分析的工作也必须和实际生活实践结合起来，慢慢地获得比较中肯的自我认知，在外界质疑自己的时候不至于陷入黑暗里。

外出的感受是她的自我在家里是压缩的,一出门就拉伸膨胀,一边期望出来一边又害怕出来,在主动面对外界的时候(例如外出和学习)都会觉得累。

分析中发现从房间出来的门,像是她小时候家隔壁祠堂的门,向阳开着,从这里想回去就蹦蹦跳跳回去了。祠堂是荒废的,门口很宽。在意象中,她感受到微风,野菊花在风中摇曳,沙滩和海面平静,只有她一个人在。那条通往海边的小路,像家里的小巷子,直直的,比较顺,她觉得熟悉。现在在她和老公、儿子的小家里,感觉是比较和谐、轻松、自在、从容、舒服的。

她之前的分析师要求她一定遵守分析设置,不能想回去就回去,但是她还是没有自然地到达这个状态,这是因为她在做孩子的年龄没有充分被接纳,现在还想体会做个随心所欲的孩子。

她在楼下看到一只小猫,一个小女孩,很瘦小。她有想要掐住小女孩脖子的冲动,联想到小女孩像小时候的自己,大姨不喜欢自己,对女孩都有恶意,话里面有恶毒的感觉。从这个直观的表达可以感受到她的生活环境里有对女性部分的"恶意"和"扼杀",女性生存的空间里空气稀薄,需要积极的关注。但是,从大姨到妈妈,都期望能够独占外公、舅舅、爸爸、哥哥这些男性们的关注,从而获得女性价值感。她们作为女性受到的关注都不够,缺乏女性的身份认同,这让女人们感觉"虚弱",总觉得自己不够好。其深层心理是源于自己作为女性却没有真正愿意"做女性",认同感不够,根子扎得不稳,存在的感觉摇摇欲坠。茉莉感受到的恶意,既是她记忆中的女人们对自己作为女性的不认同,又是在本来就不多的生存资源下,对有可能分享她们关注的小女孩产生排斥的潜意识。她们不只是需要关注,更需要作为"女性"被关注。关于受到关注不够这一点,在茉莉后面的表述中也可以得到印证。

茉莉:沙盘里我放的农夫身体很僵硬,感觉伸展不开,像我老公一样苦大仇深似的。我一直对沙具里的各个人物有兴趣,很擅长察言观色,没有人关注我,我也不太敢表现。我知道自己需要被接纳,对人付出很多就是希望能有人关注我,有人来找我时我非常高兴,因为我太需要被关注了。

她从小生活的环境人气不多,外婆和外公不太与人互动。她很需要有人在身旁,对人的需要超过对其他的需要。这种匮乏也让她无法获得从小女孩真正长大的足够能量。

四、尝试工作的烦恼

这一次进来沙盘室,她径直走向沙具架,脚步果断有力。坐下来之后,她表现出焦虑和无奈。她表示自己理论不够用,不知道倾听时如何回应,于是询问有没有比较有用的系统性的心理分析书籍。接着,她懊恼地开始诉说。

茉莉:在倾听师的平台上,分析师有评分。过程中,有很多性骚扰的来电,来访不满意就要退钱。骚扰电话不断打过来,我拉黑不了,对方要投诉我,用很多号加我,恶意差评,我耗不过这种人,要退钱就退吧。我苦于不能独立出去,需要有人带着我出去,面对性骚扰觉得很心累。

从小,妈妈可以随便骂我,每次骂完了之后逼着我去道歉,就算我没有过错也要这么做。每次我去道歉的时候,都有强烈的羞耻感。这样的局面从来没有改变过,我叫妈妈,她不应我,我觉得恶心羞耻。妈妈破口大骂,我年纪小很害怕,因为妈妈只能赢不能输,在妈妈那里我就是个工具。

不论我付出多少,只要冲突发生就一切归零。妈妈要求我完全听命于她,不能有自己的想法和态度。从小时候开始,当我交到朋友时,妈妈就会阻止,慢慢我就和朋友疏远了。

在老公领导的太太面前,我就像是个仆人,想反抗但是又做不到,相处起来很难受,近四五年我脑子里都是这个女人,如果不见她就还好,见到她就满脑子全是她。

在我和老公结婚前,我的愿望就是在普通工厂里工作,有自己的世界。我和老公、孩子从老家出来之后,他像沙盘里摆着的唐僧一样,闷头不说话。大家都觉得情感压抑,我在想到底什么时候可以不这么焦虑呢?

沙盘里我摆的小孩看起来很孤独,没有自尊也没有朋友,低到尘埃里。在以前的亲密朋友关系里,我的安全感不够,我觉得自己是不被需要的,价值感低、敏感小气、低自尊、强烈的羞耻感,每次遇到关系时就慌张地第一时间去拉近关系,约吃饭或买东西之类。

这段时间的人际关系里,我自己不再是个跟屁虫,有点光亮进了我的世界,但是常常有孤独感,像是"无脸男"(电影《千与千寻》里的角色),有很多"水"一样的垃圾要从嘴巴里吐出来,怎么也倒不完。

垃圾是妈妈塞给我的情绪垃圾,她常常跟我说某人的不好,很多老故事翻来覆去地说,语气充满恨意。

当下的她自我意识力量还比较弱,没有办法保护自己,感觉累积的东西不够用,希望能够用知识武装自己。如果有人支持自己,肯定自己,引导自己,她可能会成长得更有力一些。

茉莉的精神一直被母亲征用,照顾妈妈的感受,敏感易碎,听话勤快,为妈妈而活,没有自己选择过什么。如果自己表现得拔尖的话,就意味着自己的世界开始脱离妈妈的控制,这样就意味着背叛妈妈,或者会被攻击,或者会被抛弃。

到了现在,她发现自己对很多事情敏感了,也不那么能忍耐了。想要主动约朋友玩,不深交只是聊天也可以。想前进又想后退,开始懂得处理和人的关系,学习为自己而活,与人相处的时候有脑子了,不会那么纠结于别人是否喜欢自己了,等等。

五、不了解的男性

这一次茉莉的话题开始谈及男性。

茉莉:上次沙盘里的关公,我觉得像外公。他耳聋,不太说话,跟他去菜地,印象里他挺拔有力,干完活会喊一句"回去咯"。我能够感觉到他对我的疼爱,过年给我的压岁钱比别人都多。他总是待在一棵大榕树下,我回家第一件事就是去榕树下找外公。

回想起来,家里的男性其实对我都是不错的。爸爸也不是小时候想象的那样,我反而更信任他。我感觉妈妈会随时抛弃我,她一吵架就要去喝农药,但男性不会。

我不知道我如果生的是女儿心情会如何,儿子跟我有很多话讲。他的数学老师不重视他,成绩变得不好了。我自己初中辍学,如果初中的时候可以补习,估计就可以上高中了。其实我成绩还可以,但每次来例假都要被妈妈骂,估计是因为要花钱买卫生巾。大概是因为害怕,其间我有八个月没有来例假。我害怕作业,初中作业多数是抄的,数学考倒数第一,所有人在数学上都放弃我了,我还是装模做样地做题,幻想着是不是补习一下就可以考高中了。我觉得自己不配去重点高中,来例假被骂让我很有羞耻感。我认定自己不会读书,放弃了考高中,找了个中专去读。我后来就想,有什么好读的,赚钱去算了。当时我估计就是为了有钱买卫生巾而辍学去工作了。

茉莉在表达这一段经历时,语气是压抑着痛苦的。例假是女性的象征,因此而被妈妈嫌弃和责骂,这对正是青春期与性别认同时期的女孩,打击无疑是极为沉重的。

茉莉这 30 多年的时间里主要是和以母亲为代表的女性发生情感纠缠,实际上在和男性的互动中,她的处境还是比较好的。外公、爸爸、老公、儿子对她大多是温和且喜爱的。但她的注意力没有集中在这些上面,错过了很多有价值的支持资源。

分析中她用意象表达自己的处境,说自己住在一个地方,像是茧房,看得到外面,但是出不来,自己会害怕。这个地方很难出去,但是必须得出去。茉莉作为女性,在对她很重要的客体——妈妈那里得到的回应是,自己不行,甚至是很糟糕。在读书期间，因为还是在家里住，妈妈对她的责骂让其没有办法全心投入学习，没有人支撑她作为女性的身份，辍学工作成了当时的唯一出路。她青春期辍学，努力去熟悉公司每一个工种，怕别人也觉得她蠢。但是，她发现自己适合精细工作，过程中没有人盯着，也不需要展示给别人看，可以慢慢地做出来。现在在心理倾听师的平台上，她虽然害怕，但是一点点学习，慢慢得到了成绩，她才觉得是自己应得的。

在母亲家庭里的处境，并不能让她认识到自己成长的资源。而社会工作中，却有很多可以带给她重新认识自我的机会。工作不久她因为婚姻又回归家庭，虽然陷于家务繁重的环境多年，但是丈夫给予她经济上和社会资源的支持，儿子也懂事可爱，在现实层面还是缓解了她窘迫的处境，也使她有了较深的根基。同时，离开家乡后情感的压抑以及新空间的自由，都再次刺激到她作为女性角色的存在感。心底创伤点又再次被激活，内心的小女孩再一次发出呼唤，"不想再压抑了，我需要被看见，我要活出来"。

这样的呼唤也推动她"出走"，内心需要自我进一步发展，长途跋涉到另一个城市来做分析即是外在表现之一。在这样的情况下，鼓励和肯定的态度对她来说比较重要。给她一定的空间和时间，让她慢慢有机会看到更多的自己，不必太着急展示等。急于面对和克服羞耻感太消耗，可以用更温和的方式一点点突破。

六、缺乏成长的自信

这一次她还是步履匆匆，说还是到现场分析的感觉好，能够走出来。

茉莉：我感觉沙盘里的沙僧压力很大，很累。他像哥哥一样高大，憨憨的，我觉得对不起哥哥。小时候为了讨好妈妈，我表现得比较乖，妈妈就总是用我来暗讽哥哥，后来我出嫁了，他就替我承担了妈妈的控制欲，我可以走出来，哥哥走不出来。

侄子侄女（哥哥的孩子）对他们的父母都意见很大，当侄女和她妈妈（嫂子）亲昵时,我妈妈(奶奶)就表示讨厌。因此孩子们对他们的父母都意见很大,也会偷东西去交朋友。家里总是要树立一个反面教材,以前是哥哥,现在是侄女。

我想继续心理学学习的主要障碍是焦虑。我压力大,想放弃,感觉阻力大、无力,总是在拖延。之前去读书时,我觉得自己是异类,担心自己成绩好朋友就不想跟我玩了。得到三好学生时,自己也没什么意识,之后成绩就一直下降,考得好会担心受怕,怕会失去朋友。所以我总是在讨好朋友,怕被人抛弃,没有办法学习,觉得好累。

当别人对自己有期待的时候,我压力会很大,拿出来让人看见就觉得非常恐惧。入驻平台做心理倾听师,经过比较,我觉得自己也不比别人差。上课的压力大,我未来想做分析师,但是不想说出来,做不成怕被人笑,觉得别人并不希望我好。

沙盘的中间横放着一座巨大的彩虹(如图4—7所示),拦着跨不到学校这边来,学校这边绚烂多彩,令人向往。另一边的女孩压抑、哀伤,妈妈希望她不要离开,陪着自己忧伤。

图4—7 沙盘作品4

茉莉的表现为缺乏自信,实际上妈妈不想让她成长。成绩好本来可以让她获得更多资源往外面世界发展,但是她不知道。在茉莉的认知里,能够给她对峙母亲提供支持的是和朋友的关系,而不是能力发展和成绩优异。因为妈妈并不看重学习,所以她没有把这个当作价值。只有干家务活、顺从家人是被认可的,可以公开做,其他的都只能偷偷地进行,说出来就会被人阻挠甚至嘲笑。由此可以理解为什么想学习、想做分析师也成为让她觉得羞耻、不能为人知的事情。简而言之,不被允许的部分会让人感觉羞耻。女性想要突破自我,让自己成长得更好一些,得将更多的价值纳入认知体系,有更多自己的部分被允许,多一点尝试,比如想挣钱、学习技能、受人尊重、可以表示不满,等等。茉莉渴望的是按照自己的意愿去生活的自由。想要做到这个,她需要不断地突破自我局限,逐渐地拿回自主权。

七、儿子问题带来的焦虑

茉莉摆放了沙盘后(如图 4—8 所示),觉得里面的绿巨人脏脏的、好玩、憨憨的,表情愁眉苦脸,不说话也不笑。儿子最近陷入抑郁的烦恼,不想去上学,作业也不写,在家里待了一天,科目学习有难度,起床越来越困难。

图 4—8 沙盘作品 5

茉莉：儿子其实是有想法有主见的，很多事情不愿意让我介入，表示这是自己的事情。他上学去，我就会舍不得，好像有些心疼一样。我自己心里的不配感不知道该往哪里放，投射到儿子身上，担心他这不行那不行。我觉得儿子成绩不好，是不是和我投射焦虑有关系。

一周以后，茉莉因为儿子的事情再次找到我。她首先谈了一下想要长期分析的愿望，后来提出对分析场景的期望等。其实，我能够感受到她能表达的东西越来越多，也越来越能直接提出要求了。

茉莉：儿子让我很焦虑，他这一段时间情绪很低落，做什么都没兴趣，问他什么他也不跟我们讲，甚至有两天都没有去学校。

这两天发生了一件事情。儿子跟我说过他不想跟同学A玩，但是A很会装可怜，我一直以为是儿子的过错。但是，儿子并没有因为我不信任他而怀疑自己的感觉。他跟我讲述了为什么不想跟A玩——和A相处很辛苦，A很恶心，经常打他的下身，但因为两边父母有交往，所以他就忍着。听到这里，我才知道儿子说的是有道理的。其实，我和对方妈妈相处的时候也不舒服，但是我选择忽略，有点强迫自己和对方来往，儿子说的也一直没有放在心上。所以，我也表示支持他的做法，并向对方家长提出了抗议。

在这件事情处理完之后，儿子开始和我讲他的事了，他又有了活力，也愿意去上学了。我们看到儿子神奇的改变，感慨扭曲自己的感受与人交往真的很压抑。儿子对自己的状态是很敏锐的，他清晰知道怎么做才是合适的，有了父母的支持，他就更自由，能够按照心愿做选择了。通过交流，我发现儿子交朋友是有合适尺度的，跟别人的关系也对他有益。原来我相信自己感觉的能力还没有儿子强，真是让我又难过又高兴。

我小时候是没有这么自在的，到现在也是。这也不行那也不可以，小时候成绩不好，觉得别人不会跟我玩，得第一名也怕失去朋友，只有在中间稍微安心一点。儿子长大了有了自己的空间，他没有那么粘着我了，我觉得伤感和孤独,想拉着他一起焦虑。

当年学习的时候,其实我是理解的,但是没有人相信我。老师也只是对她认可的学生好。妈妈不识字,在外面因为没有文化受挫就回来骂我,我一边学习一边自我怀疑。

在她成长的过程中,没有宽松的环境可以允许她拥有自己的感受,并且根据感受直接做反应。她拥有的是严重的压抑情绪和感受,扭曲的交友方式,明明不喜欢还要交往,儿子也不得不配合,儿子甚至差点抑郁。学习上她留给自己的空间很少,障碍导致她既不敢开始学习,又无力支撑自己学下去。针对这个症状,她需要一边学习一边对自己说 OK,没问题,不论看起来多么不可能都可以去做;做的过程中,不要过度审判自己,而是持续鼓励自己说还不错,干得很好。

茉莉觉得儿子给自己做了榜样,她也要这么勇敢地做自己,尊重自己的感觉,感觉不好的关系就不要勉强自己来往,努力地成长。

八、人际关系的觉醒

沙盘里的唐僧,让茉莉想到让人难受的儿子同学 A 和他的妈妈 M。茉莉和 M 交往时,刚开始茉莉觉得自己很受对方喜欢,在这样的心态下茉莉自然地开始和 M 做朋友。但是,茉莉在与对方的相处中慢慢地感觉到不舒服。M 很喜欢挑茉莉的敏感点刺激她,比如见面就说茉莉有皱纹、脸凹、肤色暗沉等,投射负面内容,这让茉莉难受。

茉莉直接和 M 谈两个儿子冲突的事情,她逐渐明白了 M 的精神攻击,这次她不打算内化成自己的不对以及否定自己了。为了孩子,她终于将攻击性对外,批评对方的行为不妥。虽然对方一再狡辩,但茉莉还是爆发了。以前一直害怕冲突,回到家后她在想这次是不是自己表达过度了呢?对儿子的爱让她不再选择沉默,当然也和她自己逐渐松动的自我意识有关,压抑的力量逐渐退到后面,开始维护自己和在乎的人。

由此次冲突,她也发现这些女性朋友并不尊重她,和对方的交往不仅没有多少营养,还隐藏着各种伤害,竟然自己都没有觉察到。但是孩子的真实感受唤起了她的自尊感,再审视一下身边,她发现几乎都是这样奇怪的关系。她开始思考是不是自己应该换一批朋友了,她想去健身,交一些能互相尊重、平等相处的朋友。

九、信任促发主体形成

给儿子辅导作业的老师来家里,但是儿子不想被辅导,说早上把作业写完,不想要老师来。

茉莉:我做不到信任儿子,也不想去干自己的事,只是想把他留在家里陪自己。回想小时候,我的心思只能在妈妈身上,不能交朋友,也不能读书好。

分析师:是什么样的感觉呢?

茉莉:印象里,是砍断了手脚的感觉,不能出走,也不能拿取获得,恐惧一个人被抛弃在家里。

我在想是不是我无意识对孩子不断制造一些事情,让他没法好好学习。我在他那里能够有所作为,帮他解决问题,这让我感觉充实,我总是有各种担心。

分析师:如果回到你自己这里来,是什么样子呢?

茉莉:我这里空空的,不知道自己能做什么,有什么价值,想做什么。我在处理孩子问题的时候,感觉到自己被需要,是有价值的。

我到外面去没有价值感,大人们都很忙,走到哪里都没有我的位置,我站在那里好像都占着别人的位置了,我觉得一定要做点什么才行。出去买东西的时候,我不停地让别人,我发现别人不会让我。东西买完,手上没有活干的时候,我感觉自己又没有价值了。

从小她手上必须有活，否则就会挨骂。妈妈只要看到她，她必须是在干活的。茉莉被要求照顾别人，否则被责骂、被威胁、被轰出去、被抛弃，同时，她会因为照顾别人，忽略自己而感到委屈怨恨，也常常孤独无助。

茉莉的自我发展的空间基本在家庭中，这也束缚了她的进一步社会化发展。丈夫的出轨和父亲的离世，引发了她的焦虑，一直支持她生存基础的家庭变得不再坚不可摧，这也成为激发她寻求自我进一步突破发展的动力。一直建设的家庭不能完全依赖的话，怎么样的生活才是可以支持自己的呢？于是，危机也成为促发她进一步发展自我的契机。

茉莉：和爸爸相处的时候，我不让他靠近自己，我的身体是僵硬的，没有体会过和男性的拥抱。这一段时间，我感觉自己不像之前那么恐惧，怀疑没有老公自己就不能生存，我开始拥有了思想和判断力，老公也成长起来，不用依赖别人，有了自己的思考。之前和老公相处的时候，脑海里总是会闪现出妈妈的样子，但现在我们的交流更亲密了。

茉莉与父亲以及其他男性没有太多近距离接触的机会，对男性的认知还停留在很初级的阶段，相处时容易陷入融合感，这会给已经成年的茉莉带来一些不适感。社会化过程也许可以弥补其与家庭男性相处的缺失，推进分化过程发生。在本能的基础上，女性会慢慢地对不同年龄、不同身份的男性演化出更丰富、多层次、多角度的关系，表现在情感类型、沟通方式、交流内容、亲疏远近、接受或拒绝等方面。

如果心里对于男性的认知没有分化，茉莉对于老公的感受就一直是从妈妈这里迁移出去的（老公是妈妈介绍认识的）。没有这条线索，她对老公的认识就没有地方"落脚"，没有办法单独建立起与老公的连接。想要发展出更丰富的自我，就需要将融合感持续发展。随着和男性交往的人物类别和深度不同，她能够将对男性的情感进一步分化，这样就不用"想去很远的地方"——逃离融合的恐惧不是真正解决问题的做法，逐渐从接触到熟悉，再到了解理解，才能真的解除对男性的恐惧。同时，也达到去除对男性幻象的效果，不再幻象可以依赖男性。

十、转变人际模式

茉莉表示她在人际关系上有困扰，想转变现在的人际模式，不想跟让自己难受的人来往，但是做起来还是有一些困难，长久习惯的模式并不容易改变。

茉莉：我看到有人在聚会，但是没有叫我，直接会感觉到身体的无力、绝望、恐惧，想破罐子破摔，联想到反正也没有人在乎我，别人是一家人，妈妈和哥哥也是一家人，但我不是。聊天的时候也觉得自己会被排斥。

和朋友在一起，有人喝酒我不喝，有人说不喝酒融入不了群体，我就慌了。另一个人说不喝酒也没什么，我就只和这个人聊天。当时我慌的时候，头脑无法思考，觉得自己不属于这个群体，对我的排挤冷落十分见效。我常常会觉得自己是个多余的人，独自一个人坐，别人是一个群体，我不属于这个群体。我感觉所有人都和妈妈站在一起。

感觉上她怕不被接纳，是因为从小环境中实际只有和母亲的关系，没有建立起和爸爸、哥哥、朋友的关系，如果失去了这个唯一的关系就意味着没有关系了，因此女性没有叫她一起玩她就害怕被抛弃。

茉莉需要别人接纳自己，甚至需要对方明确表示出喜欢自己，才会觉得这个关系是安全的，也就是不会被抛弃的。但是，过分看重这一点，会导致人际关系里有很多问题，例如对方只是在开始表现得友善，没有攻击性，但其实并不是真的喜欢你；又或者只是甜言蜜语让你觉得受到接纳，这样自己的情绪会很容易受到他人影响。这样的关系表面上安全，但实际上却成了不安全感的隐患。

茉莉：大家都不需要我，我觉得那就离开好了。我一个人在外面的时候常常会有这种感觉。我学习时很想表现自己让老师认可，但是得不到。小时候妈妈和其他大人聊天,我没有说话的位置,只是听着不说话。

茉莉和世界互动的方式,中间的环节都是妈妈,貌似没有直接和世界接触。现在她想做到和妈妈分离。在和妈妈打电话时,不再一味地听妈妈诉苦,说他人坏话,而是想和她对抗一下,于是她用妈妈常用的诉苦方式,结果发现诉苦的能力比不过妈妈,儿子在一旁听到电话内容都笑她——妈妈你输了。她也笑着表示自己输了,但是当天晚上却睡得很香。

她现在感觉自己比较清晰,不需要全部让人理解,保留点神秘感,能够守住自己想隐蔽的部分。有的人在外面的时候,并没有和别人建立真正的关系,遇到一个人就像抓住了救命稻草,只要是有人和自己建立关系就行了,至于那个人适不适合,是什么样的人,大概都没看清楚。

自从意识到这些后,她开始对不友好的关系敏感了,分得清远近关系,也分得清习惯精神攻击她的人。因为总是妈妈强迫其道歉,导致她总觉得是自己的问题,但实际上,也许相处不好也有很多别人的原因。

茉莉:与人关系好的时候,我就会把关系往失望方向发展。老公家人帮忙装修房子,他们说起我没把孩子教育好,我觉得压力很大,很排斥"感恩",心里觉得多大的恩情也跟自己没关系。关系太好的时候会有压力,关系就会下降。

在分析关系里,她一开始很开心,觉得可以在关系里停留下来,但是后来担心会和分析师争吵,毁掉关系。她想三个月结束分析,害怕让分析师知道她对其的依赖性,担心分析师因此就不会好好对待她了。实际上,她还是对人际关系没有信心,怕被抛弃伤害。

分析师:具体是什么感觉呢?

茉莉:我体会过一个人的清爽,和妈妈相处时,冷漠、刁难、否定、贬低、不确定,被当作工具,这些占据了我的内心,全部是她的声音和情绪。我和她对抗的时候,脑子里就可以不装这个人了。

为什么和妈妈冲突的时候她反而会愉快呢?现在可以了解到,只有愤怒的时候,她才全部是她自己,可以短暂把别的侵入她的精神空间的东西排除出去。愤怒的时刻,也是她弥散飘忽的自我聚焦的时刻,拼凑整齐的时候她找到了完整感。

茉莉:我很奇怪自己为什么感受不到强烈的情感?我平淡得像个透明人,没有强力的表现,制造一些麻烦或者是特别的事情,算是比较有张力的方式。我知道自己的存在感低,需要众星捧月才能满足自己。

茉莉虽然没有赢得与家人的冲突,但是这种方式让她的存在感强烈了很多,她发出了自己的声音。她没有太多机会培育自己的个性。因为全是呼应妈妈的需要,她的内心世界显得空洞而破碎。后来的婚姻生活,她在养育孩子和照顾家庭时虽然重复了原来的模式,但是孩子是未成年人,照顾孩子需要激发出更多创造力,茉莉在其中有了主导权。由此也可以理解为什么她觉得只有儿子和学习是属于她的。如果茉莉想要获得更多的存在感,需要进一步开拓属于自己的新的领域或者在已有领域更深入。

十一、越来越清晰

茉莉和其他主妇们交往,可以感受到交往中的攀比、嫉妒、精神攻击,她现在的状态是对这种关系失望但是又没办法放弃,可能是没有机会获得其他类型的关系。

茉莉:主妇们用说闲话的方式来交往,感觉都是精神空虚、攀比、自恋,靠八卦来维持关系。在三个人以上的交往中,一个人面对社交场合总是觉得尴尬,一个人无法独自站立,必须拉着一个人一起,抱团共生。不是拉着这个就是拉着那个。我也是一直处于这种关系里,想转身,试试下次能不能剥离出来一些。但是,我知道障碍在哪里,感觉到自己"势单力薄",想要背后有人支撑,自己好像无法独自站立。

分析师:如果用意象来描述,你觉得是什么形态的呢?

茉莉：是一个小女孩，四五岁的样子，孤独地坐在角落，空无一人，即使周围有人的时候，我也感觉是这种状态。

茉莉越来越清晰地看到，即使是和人们在一起的时候，也更多的是被剥削控制，所以抱团没有什么积极作用，反而伤害更大。

茉莉：小女孩在大榕树底下，七八岁的样子，蹲在树洞里，周围有很多人在玩跳绳，和我没有任何关系。看似热闹，其实我很孤独。

分析师：现在是有个树洞容身。

茉莉：我想到了外婆，虽然平时和我距离远，但是至少她是一直在那里的。外婆远远地看着我在门口玩沙子。

外婆对茉莉的爱，不浓烈而能包容，冷清且有距离，她感受不太到。她才10个月大就被送给了外婆带，外婆在她心里更像妈妈。她会在心理上照顾外婆，外婆哀怨的眼神像拉丝一样断不开。

茉莉：在和别人玩的时候，后面总感觉有拉丝在拉着我。我觉得是外婆舍不得，我觉得要管着外婆。我的眼睛看着外婆，心里向着同学，犹豫不决。

从意象中比较直观地看到，茉莉的格局是"外婆——茉莉——同学"，她站在中间定格住，既有对外婆的牵挂，又有对外面世界的向往。她的眼睛望向外婆，心里向着同学，本能的快乐让她想和同学玩，但是又因为和外婆没有热烈的互动，存在感不强，怕自己不被需要而心系着外婆。

茉莉：其实我不喜欢淡淡的交往状态，在同学那头是良好的互动，跳绳、追逐，有互动有回应，心里纠结，没法表里一致。

外婆、妈妈和她都没有良好的互动，外婆总是没有什么表情，妈妈要么不理她，要么都要按照自己的方式来控制她。为了得到回应，茉莉不能展现自己，也无法守住边界，而是要装傻、听话、讨好。

当分析师微笑地看着她时，她表示很难在这种喜欢她的回应里待着。她习惯了要么就是没有回应，要么就是负面的回应。与男性的互动，她更是处于缺乏的状态,不了解也不熟悉男性,与男性的情感处于没有分化发展的状态,对男性主要是投射的想象。如果能够有更真实的交流互动,茉莉精神世界的男性形象是会被慢慢激活和发展的,在和男性的交往中,其身心感受和情感能够同步统一。

十二、确定与不确定

茉莉觉得生活中只要存在不确定的事情,就让她倍感折磨。然而,人际关系中有很多不确定。和老公的婚姻生活中,她做家务,照顾孩子,但是遭遇老公出轨。小时候她在妈妈和外婆家被来回接送,到底什么时候可以定下来,她们到底要不要自己,这种担忧让她倍受折磨。和同学在学校建立的友情,一放长假就又不确定了。这种不确定感,就是找不到自己这个人在哪里,没有确定的位置。

茉莉:我脑海里出现的意象,是一个小女孩,有脸但是看不清,她一直在原地快速地转圈,停不下来,恶心得想吐。

分析师:那你是什么感觉呢?

茉莉:憎恨的感觉。不想面对强烈的不确定性。外婆像死一样的寂静,妈妈满脸狰狞,两个地方我都待不住,生出对自己的憎恨,自己能够控制的部分很少。

分析师:如果是现在的你,面对外婆会怎么办?

茉莉:我不会再尝试理解她,其实是讨好,我一直想去理解外婆和妈妈,但是不想理解就拒绝理解。

自我存在感很弱的感觉,让她总是处于很大的恐惧中,更想通过理解外婆和妈妈来获得存在感。但是,毕竟茉莉和她们不是同一个体,她既做不到完美融合,又无法自成一体。两头都靠不着,让她感觉没有地方可以被接纳。她没有在成长的过程中顺利形成自我的世界,她都是围绕外婆和母亲的感受活着,因此感觉如果离开了她们,就找不到存在的基础。想要自己长出来,不仅仅要突破"离开母亲感觉活不了"的痛苦阶段,还要进一步在自己成长过程中突破"羞耻感"的瓶颈,过渡到"自己可以活"的确定感状态。

不确定的焦虑,很深层面来自茉莉对自己的不确定。她隐隐约约感觉到在外婆和妈妈身上,不论是冷漠还是狰狞,都传递着一种沉重的破碎感。她不喜欢作为女性的自己,但是从前面她意象中那个不停旋转的小女孩,那个穿着白色裙子、长发瘦小的形象,可以发现她得接纳自己身上的女性元素,才能真正获得真实感。

对于这种解释,茉莉表示认同。

茉莉:我作为一个女性,对自己的女性身份其实是比较陌生的,除了结婚生子,我并不觉得自己像个女性,只有身材瘦弱这一点我觉得是和女性有关。看到其他小女孩,我都感觉得到恨,仿佛这种恨意和女性元素并存,去除了女性元素,恨意也就没有了。

想要接纳自己的女性元素,横下心来就是作为女性而活,感受她,接纳她,包括女性的羞耻感、来例假的复杂情绪、女性的爱欲,等等。我们可以看到她的局促不安、羞涩窘迫、受伤胆怯,即便是这样,她仍然是被关注、被宠爱、被积极回应的。

十三、自恋与沟通

和儿子有冲突的同学妈妈 M 约茉莉吃饭,想说说冲突的事情。本来以为可以平等地沟通,表达对儿子伤害的不满,结果这次聊天让她很抓狂。

茉莉:沟通让我生气地想撞头,所有的东西都被颠倒黑白,我和对方讲过的真心话,她都会拿出来攻击我。明明是她的问题,还说我纠结,理直气壮地把她自己描述成多么好的人。我说不出来的难受。

分析师:为什么会这样呢?

茉莉：我发现 M 说的所有内容都是自己想象的，但 M 坚持自己讲的是事实，沟通时我觉得愤怒、无助、解释不清楚，有一种秀才遇到兵有理说不清的感觉，根本达不到沟通的效果，更加不用谈说清楚是非黑白了。

M 用自以为是的内容来沟通，比较主观且达不到沟通的效果，但同时也可以看出茉莉在沟通时，需要对方对事实达成一致认可，互相看见、互相倾听。但是，在和家人沟通时，她觉得妈妈看不见她和哥哥，她也感受不到爸爸的温柔，只能沉浸在自己想象的世界里，他们的沟通又都是以妈妈为枢纽，因此真正有效的沟通几乎是不存在的。一方面，茉莉看到对方几近自恋型的状态，沟通是很难实现的，与其徒劳地努力解释，不如干脆放下辩解，有这个自证的精力不如放在关注自我建设上来得有效；另一方面，茉莉更能够理解自己的表达能力为什么总是达不到想要的程度，是因为没有安静和宽容接纳的环境等待她慢慢地表达出来，周围嘈杂聒噪且阻力重重。在这种情形下，她可以做出相应的调整。比如，表达的目的不一定为让对方一定要接纳，而是表达出自己的意愿；多关注自己的感受，不急于跟随外界的节奏，给自己更多的时间和空间表达；从认知上调整，如果以外界的态度来作为自己的反馈，不一定符合事实，有时候只不过是别人的好恶；想让别人看到自己，与其一味期待，不如主动表达；妈妈或者外婆的沟通方式，只是众多方式中的一种，还有很多其他方式；从自我的发展角度，茉莉也许需要更多自己的空间，等等。

分析师：你打算怎么应对这些关系呢？

茉莉：少接触一点吧，保持一般的关系。对方永远都是在讲自己，只想让你认可她，成为最重要的人。

她选择抽离一些回来，在之后的反馈中，茉莉表示她和老公的关系变得很好，对老公有了爱，喜欢他现在优秀有活力。同时，她也发现了自己的很多需要，逐渐开始用自己的事情填满自己的空间，开始拥有自己的精神生命。其看待人际关系的角度也在变化，茉莉用了一段让人惊讶的文字来描述。

茉莉：刚开始是白色衣服的，轻飘飘离床很近，她表达的是：我很弱，很可怜，是个受害者。这时，我是不受困的，不理她就能够抵御住。接着变成红色的衣服，在窗户外面进不来，表达的是：你不听我的，我就毁了你。这时，我虽然害怕，但也扛得住，正面对抗顶多同归于尽。再后来，是大眼睛幽怨地望着我，并不虚弱还很强壮，只是不说话，不明确表达什么，只是跟着我，好像我是个坏人，既不示弱也不示强，我觉得战斗也赶不走，不理她她也不走，总是跟着，觉得烦，但是甩不掉。

如果是示弱或者示强，都有一个确定的态度，但是最后这种方式，是没有明确态度的，茉莉觉得局面完全由对方的态度掌控。扯在这个以他人为中心的关系里，她觉得很讨厌，不安定也不安全，她需要不断地迎合讨好别人，还得不到确定的态度。"我太知道如何满足别人了，但现在我不想了。"

困难的地方在于，对于茉莉而言，讨好满足他人成了一种行为惯性，只要捕捉到他人的意愿，她就马上去做满足他人的行动，这里面缺少了自我参与的环节，让她觉得被迫、不自由。初步干预，可以在"他人意愿——满足他人"的简单行为模式中间加入一段时间的停顿，让自己的感受和意愿有时间慢慢出现，再有态度，最后才是行动。

十四、觉醒的女性意识

回老公父母家觉得没有什么归属感，家里亲戚们都可以对她指手画脚，他们把她安插在他们认为合适的位置上，比如她应该怎么做饭搞卫生，她并没有被尊重、被看重。从家庭的系统来看，也许她所在的位置，就是处于低位。

茉莉：婆婆是其中的例外。有一次，我儿子跑出去了，她要我老公追出去看看，而不是要求我去。婆婆在他们家里也是不受待见的，所有人都会看不上婆婆，贬低她，不待见她。我之前也和他们一起轻视婆婆，但是我现在关注到了她，并且带动老公和婆婆改善了关系。我觉得她还蛮可爱的。

她逐渐认识到，自己在老公家被视为弱势群体，堂姐等一些女性也下意识地将同为女性群体的茉莉纳入既定的一些标准，再在标准之下审视批判她。老公没有帮助她脱离困境的意识，是因为老公并不处于这种困境当中。在这种意识下，婆婆赫然是和她处于相同处境的人。她慢慢清醒过来，有了自我意识，能够理解为什么自己没有归属感了。

茉莉：不仅仅如此，从小在父母家，舅舅、大姨都可以随意介入我的生活，到我家里来贬低羞辱我。妈妈不会保护我，有时还会邀请这些伤害者进入。我不能轻轻松松就得到看重和尊重，努力也不行。

在和老公聊开了之后，他也表示回家了。老公角色不那么强烈，因为有了侄子、弟弟的角色，老公对她的支持不够。沟通过后，茉莉发现原来自己也没有站在合适的位置上说话，遭到了这些不合适的对待，不完全是别人超过了边界，其中也有自己没有守住边界的原因。整理到了这里，几天后茉莉表示自己突然有了很强的归属感。

十五、对情感的压制与恐惧

茉莉表示，在和男性打交道的时候，自己会有些奇怪的表现。在新的定居城市，和除了老公之外的男性打交道的时候，她还是比较自然的。但是，回到家乡，她就觉得很奇怪。她用一些方式描述了这种感觉。

茉莉：在讲家乡话的地方，我自己好像是缩成一团的状态，拘谨、萎缩。

她表示，在老家只要是谈到恋爱的事情，大家都会透露出一种轻蔑的态度，仿佛这是不可以碰触的事情。哪怕是念书的时候，哪个女生和男生关系比较好，都会被人说成不正经。因此，面对自己青春期情感的悸动，她只能拼命地压制，越压越变形。仿佛只要有一点可能靠近情爱的可能，都会激发起心里防御机制，而且这种防御在家乡的环境中，更容易触发。

茉莉：是的，在家乡时，除了老公以外，明确不是自己喜欢的男性，相处时自己也会觉得不自在。如果对方话多还好,觉得有话题隔离在中间;如果对方话少,更是尴尬。

她表达的这种状态,也能证实家乡的风气,女孩没有什么机会根据情感的自然发展而接触男孩,加上在家里又是以妈妈为交往的中心枢纽,她没有太多机会接触爸爸和哥哥等男性,导致她没有时空可以和男性发展出自然的情感分化。在她的意识里没有和男性交往的方式,中间的空隙被她自己都非常陌生的奇怪情绪所填充。

也正是因为如此,像茉莉一样对男性态度没有分化的女性,一旦对男性启动喜欢的情感(甚至还远远没有到达喜欢的程度),就容易直接滑到性的层面,很快引发对性的否定和压制,继而导致对情感的压抑。自我在这个过程中被严重压缩,"不应该"的念头,让我看不见你,你看不见我,与男性交往成了一种"罪",更谈不上自然展开情感过程。为了远离这个领域,一些女性青春期甚至对乳房发育有羞耻感,宁可含胸驼背。

茉莉:初一时爱美,但是不敢展示。开朗的女同学和男生玩时,大家就会使用"不要脸"的污名。人们没有给"恋爱"留下空间,要么就干脆不恋爱直接结婚,要么就唯恐避之不及。20岁结婚,会被人说"不要脸",23岁、24岁又被催着结婚,26岁结婚又被认为是年龄大了。

老家另一部分女性,因为青春期对异性的情感发展,又为了避免被周围的人质疑不正经,就只能迅速跳过恋爱阶段,直接发展到婚姻,这也给互相不足够了解的婚姻带来隐患。感情的发展没有自由探索的环境,爱也只能是寄生在婚姻和性里,用茉莉的话来讲,"一旦爱上男人,就像染上病毒"。

茉莉:我自己是比较压抑的,原来一个男同学喜欢我,有见面的机会,别的同学会去,而我不去。老公与男性朋友聚会,我也基本不参加,对情感是严防死守的态度。但其实,在离开家乡的外乡,我不觉得真的会发生什么,但是在家乡,反而更加敏感。

为什么茉莉常常谈到回到家乡反而归属感很弱？当在某个空间自己有更多自由、可以自己做主、可以允许自己的意志和态度更多地存在时,归属感就会强;反之,如果在必须要以他人的态度和意志为主的空间,只能自我压缩,归属感自然就弱。同时,归属感强的地方,与他人交往时会更自在,不压抑。所以,对于茉莉来说,远离家乡,评判和束缚少,反倒觉得归属感更强、更自在,可以更多地按照自己的意愿生活。

分析师:那个和你吃饭的男性是什么样子的呢?

茉莉:他是个成年男性,我觉得我在他面前是个未成年女性,感觉他可能会喜欢我,这是不可以的。在家乡,很多男性都会给我成年男性的压迫感,初中那个我喜欢过的男孩,也不太爱说话,我拼命压抑着我的情感。

青春期一个人会经历各种情感体验,可能同时喜欢这个人,又很快对另一个人感兴趣,喜欢的人类型也会变化,这并不意味着什么道德含义。从某一个人身上发现自己喜欢的一点,又从另一个人身上发现了另一点,是因为人的情感在发展过程中,从对异性感兴趣到爱情还需要一段时间慢慢发展,如果顺利的话,会在某个时间稳定下来。允许女性的情感充分地发展出来,会逐渐形成女性的表达、语言、力量、爱的方式。可惜,有太多不允许。

茉莉:我不敢与人有冲突,一旦感受到压力,总是习惯性地向内谴责,而妈妈和哥哥对我总是有攻击性的。

情感绑架和威胁,以及对家人的爱,对茉莉来说是严重的超我压力。即使反抗没有多么过分(相比于妈妈多年的精神压力、索取剥夺,哥哥的动手打人、对她吼叫的态度等),也会遭受到严厉的攻击,而她是一直被控制听话不能反抗的人,这个局面在她看来,就是非常灾难性、恐怖的情形,让她处于被抛弃感中。

对于茉莉来说,害怕被抛弃让她停留在认识某人的状态中,也使她能看到别人,却从来没有想到去发展自我、创造自己的世界,说明她还没有发展出与妈妈不太相关的自我部分。

茉莉：我最近去游乐场，发现我有很多想玩的项目。

茉莉的自我发展之路也许还会经历很多个阶段，遇到不少的困难，但总算可以尝试开始了。

十六、关系的呈现

儿子青春期叛逆掌控不住，她一度很头疼。但是，最近她表示自己想通了，其他的孩子学习好，也乖，儿子虽然不是学霸，却可以用自己的方式生活，有自己的主见，可能精神层面会过得不错。

茉莉说，在跟女性的关系里仿佛只有输赢，给朋友发消息，对方故意冷落她，一个小时才回复，她也就等两个小时再回复。总是在着急、生气、高低输赢中。这种关系让她很不舒服。外婆总是不回应她，在妈妈那儿她总是个为男性服务的工具，她没有被作为女性本身积极回应过，大概她上几辈女性也没有被合理对待过。

分析师：你有没有自己单独面对的事情？

茉莉：我曾学习怎么做好妈妈。在处理老公出轨的事情时，虽然我已经几近崩溃，还是叮嘱老公不要和好事人说任何内容，别人没有像我这样处理的。所以，我们的关系现在恢复得还不错。

分析师：看来还是有自己的世界。

茉莉：我不想生活在老公的范围里，尤其是出轨事件之后，我觉得应该有我自己的天地。我有问题想问问。

分析师：什么问题呢？

茉莉：我在咨询中沉默不语的时候，你会不会有压力？

分析师：为什么这么问呢？

茉莉：如果有人等我回应时，我会有压力。妈妈叫我的时候，我就必须答应。外婆长时间不回应的时候,我不知道她在想什么,心里也觉得慌。

她觉得不说话的时候,心靠得很近,有种吞噬感,让人害怕、焦虑,如果对方提要求就没法拒绝。如果可以,希望可以靠得近,但有力量拒绝,可以意见不同。

外出参团旅行时,她对自己有了更多觉察。刚开始时她给别人的印象是很好的,到了第二天她就觉得烦累,想把别人都挡在外面,害怕有冲突。明明可以继续相处得很好,但她就是觉得累。分析时她意识到自己其实不是被排挤,而是不愿意参与。小时候和亲戚家小孩玩都是常常在竞争关系中,会发生冲突矛盾,彼此妒忌羡慕。说到这里她觉得关系就是麻烦。

在全是竞争的关系中,她呈现无辜、清白、单纯、善良的形象,对于妈妈而言,好控制好拿捏,人畜无害,那么别人看她什么都不懂就不会来伤害她了。这样的策略,在她的设想里,给竞争能力不足的自己留下了最大的生存空间。她恍然大悟,难怪在身边如果也出现一个表现为傻白甜的女性,她就会感觉到愤怒,原来是害怕别人抢夺自己的角色。(大笑)

但是事实上并不像她设想的那般顺利,周围的关系里大多数是贪婪、想要控制她的人,出门每次都是她埋单,还想进一步控制她。

分析师:那你现在想做什么呢?

茉莉:我不想做傻白甜了,我要做分析师。(微笑)

十七、自我发展的艰辛

在心理学学习的过程中,她也会到网络平台上寻找实习机会。同时,还要处理儿子在学校的问题,分析时有很多想法和情绪。

茉莉:其实我的学习资源比较多,有网络课可以学,有平台可以实习,但是我发现自己想一下子学会,怎么做都觉得自己不对,会抓狂。对结果有期待的时候就会陷入想象、焦虑和担忧。这样的我更加坐不住,学一下就得放掉,再等很久才能又学一下。在平台上工作时,一下子就很想解决掉对方的问题,一会儿又觉得没法共情了。总之是出现种种困境。

在处理儿子学校事情的时候,她对自己的状态也把握不定,前一天晚上就会亢奋,处于应激状态,担心自己过激,理性不够。

在分享这些的时候,她觉得焦虑和紧张。尽管处于烦恼中,有趣的是这些都是之前她曾经提到过的属于她自己的两件事:孩子和心理学的事情。虽然这些事当时给她带来了烦恼,但这些烦恼却也是正在填充她自我的内容(并不一定全是积极的方面)。也就是说,属于她真正想要的事情,哪怕有烦恼也能够让她越来越充实。

老公的事业发展得一般的时候,她觉得自己还能提供些意见,他发展好了自己就跟不上了。她也在反省自己为什么只是男人的价值补充,依附在男人表面的自己实际上是不安全的。投入学习工作,她感觉到挫败、羞耻,充满无力感。同时她也意识到其实在这些情绪中,应该好好照顾自己、鼓励和支持自己,她打算像支持老公、照顾孩子一样,花个十年时间在自己的学习与工作上,安全感和价值感会慢慢建立起来。

十八、害怕被抛弃

儿子生病在家的时候,茉莉感觉到恐慌,她想用"抛弃"这个词来形容。

茉莉:小时候上学放假在家,就觉得会被学校的圈子抛弃;去学校上学,就觉得会被家里抛弃。在哪里都觉得惶惶不安,很痛苦。幻想自己没有出生,然后就成了不想走、不想读书、不想工作、不想学习,只是躺平不动。面对分离时,只想睡觉,不想见人也不想干事。泛化到生活中的各个角落,什么都不想去发展,只是待着。我真想退回到子宫里,不要出生。

分析师:那听起来像是没有存在过。

茉莉:我生下来就是被使用的。小时候提着一大桶衣服,洗不干净要挨骂,长大了就喂猪、煮饭,初中有一两年挨骂少了,后来例假来了又挨骂,挣钱全部交回家。嫁了人又可以为家里最大化使用。我的小家买房、装修,妈妈都不会高兴,对我也不好奇,不问我学什么。所有我的价值都归属于妈妈,爸爸也不知道维护我。甚至连老公的一个朋友在别人诋毁我的时候都知道维护我。(很伤心)

没有得到妈妈的心疼,让她感到很痛苦,觉得自己不被需要。她说妈妈一直都不许她靠近爸爸,这让她觉得女儿与父亲亲近是恶心的。有一次她拉了爸爸的手,被妈妈狠狠地剜了一眼,如果私底下和爸爸接触就被认定为背叛。在外办事时,妈妈像小孩一样手足无措,回到家又马上强势了起来。茉莉为了避免被攻击,尽量保持低调,也不会表现遭人嫉妒的人设。当她沉浸在自己的情感中时,也开始发现为什么自己对身边的人大多都有情绪,但是老公却和很多人关系都不错,可能是因为老公关注的大多是理性互惠的关系,情感的互动不是主流,就不会像她一样在与人情感上痛苦,当然也没有她这方面的敏锐度。茉莉对于前者的互动方式并不了解,类似的事情不懂如何处理。

茉莉:在生活中我怕麻烦别人,也怕别人麻烦我。刮擦了别人的车,我觉得很羞耻。不知道怎么和人相处,刚开始还好,慢慢发展就害怕没有话题,要不断地找话题,分寸界限很不确定,像在游泳池摸不到边,心里觉得很不安。我觉得自己给别人的第一印象好,但是越来越表现出敏感、心眼小,不讨人喜欢。

从这里看来,她没有一个客体关系可以让她长期深入地体验良好的互动,获得合理的边界意识,在这个方面还需要建立更多良性的人际互动来补充缺失的部分。

茉莉还表示,她常常从早上起床动力就不够,醒过来情绪就不好,常常是焦虑压抑的。只有两种情况会好一点,一个是起来有个目标的时候,一个是今天有比较喜欢的人和事发生时。如果没有这两种状态,她就会被其他的人和事笼罩,像是月亮被乌云遮蔽住。

分析师:如果用意象来描述呢?

茉莉:画面是一个正方形压在心口上,喘不过气,想叹气,感觉很苦涩。又像是灰色调的水墨画,诗情画意的。

说到诗情画意,茉莉分享说她的心动了一下,是不是这种灰色调也有吸引自己的地方呢?外婆的清冷虽然沉重,但是有种厚重和优雅的感觉,想是外婆一生的磨难带来的积累,这种优雅对茉莉来说是可遇不可求的气质。说到这,她似乎对自己被笼罩的原因有了更深的认识,原来自己主动选择用身边的女性来填补空缺的人生体验。如果想要突破它,则需要用自己的体验来填充。至于害怕被"抛弃",实际上是针对自己的世界全部填充的是别人的内容而言的,别人离开那自己一下子就空了。如果填充的是自己的体验,这种恐惧就少了,可能感觉到被抛弃的是别人了。当然,这并不意味着前路就充满了鲜花和掌声,自己的体验会有各种酸甜苦辣,那就是另外一种艰辛了。

茉莉:我觉得没有办法待在自己的情感里,我在外面觉得自己是值得被爱的,但是在家乡总感觉自己被压制与否定。

男性带来的蓬勃生命力也让她觉得羞耻、恶心。对自己的欲望也没有办法享受。这也会使得她压抑自己,自己的生命里只敢填充别人的东西。

十九、"怕"灾难性的人际关系

茉莉不喜欢家里来客人,因为需要花精力照顾每一个人,但是又喜欢热闹,客人走了就感觉到有点冷清、焦虑、坐立不安。回到自己这里,她会觉得很烦躁,像行尸走肉一般。

茉莉:我发现自己习惯把事情往很糟糕的方向放大,也希望别人跟着自己一起放大。妈妈常常告诉我,如果不按她说的做,就有非常灾难性的后果,她的情绪中带着焦虑、毁灭感。我觉得就是死亡恐惧。

可能是这样,她害怕有什么做不到位就带来灾难后果,必须事无巨细做到位,如果碰到某人不开心,她就会极度恐惧。面对人的时候,就会想开车会不会撞到人,仿佛她只要一出手,"就会弄死人"。妈妈会要死要活地释放情绪,他们拿她没办法。茉莉在生活中担心伤害别人,也害怕别人伤害自己。坐电梯会想象"砰"地一下掉下去,开车上了高速就会害怕失控。

她不能理解,看到网络上一个很稚嫩的朋友在直播,并没有多少积累,却敢迈出去,还有之前一起学习的人也开始尝试工作,为什么自己出不去?这说明始终是一个"怕"字围绕着她。她害怕自己的精神生命随时被灭掉,别人的内容强行闯入。

灾难性思维让她总是过度付出,用消耗自己来满足别人。即使是这样,她依然会担心一不小心就造成恐怖的后果,从这个角度可以理解她"怕"的来源。实际上,这只是感觉,只是用情绪营造的幻境,并不是真的会变成现实。我们可以通过经历现实来冲破幻境的迷惑,例如没有照顾到每一个人,也不会带来恐怖的后果。没有完全满足别人,也不会被看作品德恶劣的人。社会是一个巨大的容器,可以消化掉变形扭曲的部分。如果用唯物辩证法来思考,就会发现这种思维的漏洞:规律是具有客观性、稳定性的,既不能被人创造,又不能被人消灭,只要条件具备就一定会发生。要发挥主观能动性,在尊重客观规律的基础上把握规律,因势利导。她自以为是的巨大摧毁性力量在一定程度上是过分夸张的,并不具备一定会发生的条件,她忽略了其他人的主观能动性,片面夸大了自己,与事实并不相符。

在认知建立的过程中,存在很多逻辑漏洞让她过度内耗。她一直感觉到对于女性,是防备、不信任、不放松、讨好的状态。在从小生活的环境里,她是非常压抑的,她得揣测怎么做才能让她们喜欢,牺牲自我,让渡自己的想法。生活的环境中舆论认为和男生说话也是不对的,交往更是不合适的,更不用说有情感关系了,于是与男性相处的场合,压抑的感觉被释放了,转化成了愤怒状态。两种方式都不利于茉莉的人际关系，应该适度调整。例如，可以和一些人格状态健康的女性交往，慢慢矫正对女性的认知，同时也理解对男性莫名的愤怒是从何而来的，可以有意识地调整自己，不被无意识的情绪操纵。

茉莉：在分析中聊了这么多次，还是感觉不熟。

她感受了一下，当下发现自己面对发生的人和事时并不觉得太真实，反而头脑中的记忆和思念更有真实感。可能因为总是活在臆想中，当下感官收到的信息并不及时对应。也就是说，每当有事情发生时，反应不及时，刺激事件和反应内容因为各种原因不能按照真实感受反应，所以内容上不相符，时间长了，真实的自体就被隔离在里面，仿佛外面的人听不到它的声音。又或者是她还一直停留在母亲和女儿的共生关系里，与世界的接触中永远都隔着妈妈，并不是自己直接与世界打交道，于是表现为与外界隔离的状态，没有真实感。在分析的过程中自由表达，本身就是一种疗愈，慢慢的那层壳就松动了。她反馈到，服务员对她态度非常恶劣的时候，她不会像之前那么麻木了，有了不舒服的情绪并且能够表达出来了。

二十、自我的成长

最近，茉莉观察到身边的一些社会现象，主动谈起了她的思考。小学生里有孩子自残自伤，国外的朋友也反映有类似的情况。她不明白，孩子们是怎么了，人们对他们没有太多了解，不知道什么是对孩子好的。

对男孩的无微不至，对女孩的选择性忽视，投射阴暗面给女性，别人过得好就会嫉妒，这些都让她感觉到不舒服。不管在哪里，她都比较关注和人的关系。自己像个容易受惊的小鹿，随时会被别人的举动和表情影响。回想起来，她总是那个被比较不安定的状态打扰的人，常常无故担心着会发生什么，自己像个局外人，和外面世界没什么关系。

茉莉：人们有没有可能通过人格成长减少这些呢，比方不嫉妒？

分析师：那这些感觉的来源是？

茉莉：(思索了一阵子)是因为我们活在表面上，没有深入。和人的情感纠缠占据了大量的空间。

通过分析茉莉发现，如果不是浮于人际关系表面，而是深入生活中的每个领域，例如了解孩子、财务管理、生活方式等，慢慢地形成自己的一套生活方式，有细节有情感，生命的褶皱会扩张得非常丰富充实，就不会那么容易受到他人的影响并在比较中产生不安的感觉了。茉莉仔细想了想，表示学习心理学让她修复了很多创伤，在很多方面也开始了自己的思考，开始认识到别人对自己的评价与真实的自己并不相符。其实，生活中有很多方面都是非常值得深入学习的，根本没有太多时间盯着别人看，只需要跟自己比较就足够自己忙了。

茉莉：在学习的时候，害怕不如同学，很有压力，只有自己高高在上，自己才能放松，才会觉得安全。

分析师：那什么可以给你带来高高在上的感觉呢？

茉莉：也许是学识和金钱。但是即使现在财富多了，在原生家庭里还是很渺小，学习很长时间了，遇到问题还是会有压力。

正是因为茉莉在各个方面都通过与人比较来获得自我认知，外在参考对象总是在变化当中，这很难带来稳定的价值感。父母会忽视她的好，从不称赞她，等到嫁了人以后因为认同她老公才开始给她一点价值。她很希望被看到，但是真被人看到的时候又很不习惯，根本不相信自己会被人喜欢。

分析师：那什么关系不在低位呢？

茉莉：(沉默一阵子)从自己想怎么做开始。

一段时间以后，茉莉反映她和别人交往的时候，不只是听别人侃侃而谈而自己只是听了，现在不怎么听，只是聊自己的事情，这让她觉得自然了很多。

几周后茉莉家里遭遇财务危机，家人的情绪比较差，她感到自卑。自卑并不是因为财务危机，而是因为家人的情绪低落。如果家人高兴快乐时，她就觉得自己很富有。分析中她发现自己并不会太容易被物质困扰,需要的更多的是精神上的收获。也许趁着这个时机,可以从外界虚假繁荣的精神幻境回到真正让自己精神上有增益的事情上,例如家人的情感互动、深入学习心理学或者理财知识等。

二十一、人际关系的新探索

茉莉新认识了一个女性朋友,气质谈吐都挺好的。茉莉和对方接触后发现对方更像个成年人,能肯定自己的价值,看东西也比较正向阳光,敢于展示自己,可以允许自己好看。这跟茉莉之前遇到的关系不一样,以前的关系往往互相拉垮,互相踩踏,生活中的能量场总是很糟糕。对方也并不是经济上很富裕的样子,但是可以安于自己的状态。

在这样的关系里,茉莉不需要战战兢兢如惊弓之鸟一样小心保护着自己,可以将话题和眼光从自己和对方的竞争中移走。她可以和新朋友谈起精神性的一些话题,例如电影的内容,女性的客观话题,双方可以平等尊重地表达自己的思想。这是一种崭新的感受,她终于体验到一点向外探索的感觉了。终于可以不用讨好,互相诋毁打压,可以安于存在,专心于自我成长中。

附录一　个案玫瑰分析报告

来访者玫瑰是一个 30 岁出头、美丽、有魅力、很聪明的女性。她拘谨胆怯,长期生活在压抑的环境中,有抑郁症状,对男性极度不信任,常常感觉自己不是真的活着,对周围的刺激全部都有反应,但是对什么都不感兴趣。她做什么都像被一只手按住了,不能放开手脚,她要认真地对待任何人,与之保持好的关系。她在精神上没有自己的世界。

玫瑰的分析持续近一年半的时间,下面记录了玫瑰的 68 次分析中报告的 46 个梦。

第一个梦:

第一次见面,她就报告了一个梦。

她梦见她的爱人是个飞行员,换了班,在中国台湾等她,第二天就到,准备给她个惊喜。她到了海边,准备登船。这艘船是最后加开的一艘,前面的船又大又豪华,这艘却很简陋,是上下两层的。船荡得很厉害,一下子靠到岸,一下子又远离岸。她心里有些害怕,有个男人拉着她的手叫她跨。她在空中连跨几下才终于登上了船。她往下一看,离海面好高,好惊险。船上很简陋,她想着,这一夜有得折腾了。不过她知道明天天亮一定能到达台湾。

第二个梦:

第一个梦之后,她回到家感觉头痛欲裂,直到半夜才睡着。

后半夜她做了这么一个梦:一个男人靠她很近,好像随时准备抱上来。她站起身来,他就整个身子贴在她背后,下身贴得很紧,感觉温暖贴心。

男人去厨房剥鸡蛋,说这鸡蛋该吃就得吃,那些是有毒的也得吃下去。

上面是第二个梦的时候报告,她对其百思不得其解。

在第二个梦和第三个梦之间,持续进行了三次分析。

第三个梦：

她梦见男友要和另外一年轻女子发生关系，她本来同意了，后来又生气，威胁逼迫他们分开。即使他们都知道没有了这个刺激，生命会很平淡。

第四个梦：

她报告梦见男友对她很冷淡，她觉得他心里有别人。他解释说，这样是从她某一次独自做一件事情的时候开始的，她感到巨大的悲伤。

分析的时候，她说到她曾经尝试自己做一个尝试，后来失败了，过程中她很紧张。

第五个梦：

梦中，男友和其他女人已经发生了关系。他说只是近一个月内少量几次，而且每次都是4～6分钟。在长满了芦苇的山坡上，她气疯了，用手不停地扇那个女人的耳光，而且还往下面扔瓶子，水瓶中的水洒下来。然后，她伤心地边仰头向前跑，边嚎啕大哭。

梦里的情绪非常强烈。但梦醒之后第二天，她整天都很轻松，不像以往那么累，心里也平静。

以上这三个类似的梦，是在一个半月之内做的，其间经历过六次分析，有三次是关于这三个梦的。

第六个梦：

她梦见有一些人在生孩子，有两个小孩准备拜堂成亲，一个中国男孩和一个外国小女孩，两个人戴着凤冠霞帔，一个传统中式的洞房，全大红色的，两人在不同的地方跪着焚香，口中还念着一些传统的仪式词。她惊讶，这个外国女孩竟然也会念哦。

另一个地方，有些外国人被判了死刑，先是服毒，处死之后有人把他们身上的部件，尤其是生殖器割下来隔着窗户给她们看，好大好粗，都是勃起到最大的时候。

有个女孩守在白骨旁边,好像是要收集死人的膝盖骨回去做研究,一点也不害怕。

她看完死尸房转身想走,路过生孩子的区域,只见一个刚出生一个月左右或者更小的又白又胖的婴儿。在婴儿的摇篮外面,婴儿在用成人的心智和头脑处理自己的事情。好像是灵魂没有喝孟婆汤,又投胎为人。这个人拥有完整成熟的意识,却有小孩的身体,可以重新活一次。

第七个梦:

她梦见她去看房子,门一下子自动开了,飞过来一个小桌子,她没想太多,以为只是风吹出来的。她继续进去,这个房子以前来看过,是她很喜欢的房型,有很多房间。她进去之后,发现里面阴森森的,偶尔可以看到一两个像人样子的鬼。她觉得恐惧,向外疾走,遇见一黑衣女(也是鬼),跟她说了几句话。之后,她又遇到一白衣女鬼问路,她要白衣女鬼不要问自己,去问黑衣女鬼。

她向村子里跑,那儿有人,但她也不信任他们,觉得他们很可能也是鬼。她想到山上有座庙,里面的和尚是可以相信的。和尚不是鬼,她闭上眼睛,拼命往山上跑,口中拼命喊"阿弥陀佛",心想只有这个能救她。

分析的时候,她说家里有亲人是佛教徒。

第八个梦:

她梦见自己生了孩子,抱在手上,和男友走向大海边。有人说会涨潮,潮水真的就涨过来了。他们拼命往回跑,否则会被淹没。她想赶快爬上树,这样就不会被涨起来的海水带走。救人的船刚走,他们又向旁边移动,想撑到船再来时就有救了。

第九个梦:

她梦见一大两小共三条黑蛇,在墙上插座的边上。她怕它们会伤人,赶紧去叫家人。远远地又看到一条蛇,看其扭动的方式,似乎是剧毒眼镜蛇。妈妈在门外,站在一堆垃圾桶旁,有一只黄色小花猫,于是提醒她离它远点,怕是老虎。正这么想的时候,发现已经来不及了,它一下子变成了一只强壮的大老虎,追着妈妈。

第十个梦:

她梦见一个男性友人和她一起坐公交车。她和他一起上的车,和他聊天,车开了,她敲车的后门,说她和他不是去一个地方,要下车。车已经开出站台一阵子了,他挥手叫她回去坐车,她往回走了一阵去车站。

第十一个梦:

她梦见自己走出一扇大门。一个带着眼镜的年轻男子,20岁出头,脸白白的,走过来指着右边对她说:"那边楼下有巴士站,可以搭巴士去很多地方。"

经历两个月,八次分析,谈及她和身边男性朋友的关系,她意识到他们是她恐惧的对象,也是给予她指导的人。

第十二个梦:

她梦见自己和朋友去一幢楼的二楼。那儿有些印度士兵,戒备森严,一般不会让人进去。她也想算了。可她的朋友用英语和他们交流很流畅,竟然在说了一下后士兵就让她们进去了。她还惦记着有一间以欧式复古风格装修的城堡式别墅的房间还没去参观,那儿貌似有很多挂画、古董摆设、雕塑之类的原型艺术品,她很想去看。没去成让她觉得有点可惜。

第十三个梦:

她梦见一棵高高的树,树干又高又瘦,树上的枝叶不多。她远远看去,树上有一些像树叶一样的东西,说好漂亮啊。然后走进看,不是树叶,是一堆小小的黑色的虫子。这小虫子都在不停地张开嘴巴撕咬着对方,互相吃。厉害的把不太厉害的吃掉了,而且吃掉后自己会变大。虫子吃的速度极快,一眨眼的功夫,它们就变大了。大的已经变得很大,估计最终会变成一个最大的。

第十四个梦:

她梦见大拇指内有两条长长的白虫子,后来她用手将虫子拉出来,结果还有一条,又拉,还有虫,于是继续拉。她拉了很多次,几乎把大拇指都掏空了。她以为没有了虫子,再看还是有。她就用白醋浸泡大拇指,把虫子彻底消灭干净了。

第十五个梦:

她梦见一个乞丐,穿着破破烂烂的衣服,但是长相挺好,脸白白的,好像也气势汹汹,能量很足,身体不错。他看着她,突然抓过去她手上的苦瓜要吃,然后他抓她的手,她吓了一跳。

分析的时候,她突然说这个乞丐是不是她的灵魂呢,说到这里她自己都觉得吃惊。

第十六个梦:

她梦见一群黑人进来。一个又黑又胖的女人,带着另一个又黑又胖的女人,带着几个孩子。其中有一个孩子刚出生,她就接手抱过来,发现那个孩子很健壮、很健康。她感觉孩子的肩膀和背很有力,不像刚生出来的孩子,但确实是刚生出来。那孩子望着她笑,她抱着孩子摇一摇,孩子就说,很好。她惊讶他会说话,然后又抱着,赞赏地摇一摇,然后觉得他很健康。女人说的阿拉伯语,可是刚出生的小黑孩竟然说的是中文,还表扬她,她感觉好特别,又觉得很开心。

有趣的是,她说早上起来她回忆这个梦的时候,看见手机上一个黑人朋友给她发了个信息。

第十七个梦:

她梦见自己是个汉代的白衣少年,房间里阴暗,有很多侍从跟她也没有互动。因为母亲是一个高贵的妇人,但是总是对她各种强制,也没有展现母亲的温情。她觉得很压抑,拿起宝剑就冲出去了,外面的天空很亮,园子里景色也很优美。她到了一块空地上,仆人绑着四个囚犯,都是判了极刑的。她拿起剑,一下横扫过去,同时切下了四个人的人头。这一刻,她压抑的心情一下子轻松了，可以和母亲平等地相处了。

第十八个梦：

她梦见一只黑色的小鸟埋在土里，她不小心把埋的小鸟翻了出来，结果那只小鸟活了，从坑里慢慢地自己爬了出来。

第十九个梦：

她梦见路上遇到巨大的蜘蛛正爬向屋顶，她躲过去一只黑的、一只红的，在转弯的时候被一只黑的碰了，感觉后背被毒刺狠狠扎了一下，疼得醒了。

第二十个梦：

她梦见一个女人生活在陆地上，与陆地并齐有一条一人宽的小渠，一个男人在水中潜着，与这个女人一起游着。水清凉干净，滑过整个皮肤的感觉像泥鳅一样，滑溜溜的。他时不时探出头来跟着那个女人，紧跟在她旁边。

第二十一个梦：

在梦里，她从镜子里看见一个人偷偷从一扇门进到她的房间，她要同学帮她抓住他。然后她去找了半天，找到两把锋利的长刀。她用刀对着那个男人，他的脸惨白，头发是黄的。后来她叫同学去报警。那个男人就自残，切开右手，接着头伸进刀口里。她觉得很难受，说你出门去吧，他还不相信她让他走，她又说了一遍，他才走出门。一出门，他一把抓下脸上的白脸皮，露出一张年轻、英俊、健康的脸。他是一个外国男人，皮肤有点黄，他说你怎么就害怕了，现在只不过是开始。

第二十二个梦：

在梦里，她发现男友的一个情人，就住在她家隔壁。她好伤心，向他哭闹，他竟然不管她。而且她的父母姐妹都劝她别在意，算了。她看到她以前写的日记，叫他别表现得太突出，好像是免得引起那个女人的注意，惹得人家喜欢他。

结果她不知道，没有防备，好伤心，使劲儿哭，他也不理她，还准备出门去。

她抱起睡着的婴儿,他竟然也没有反应。

第二十三个梦:

她梦见自己坐在一艘大船上去某个地方。船上有好多人,大部分是中国人,有两个外国水手,又高又帅又健康。她站在楼梯上,听见后面有人掉到水里了,往后一看,是一个外国水手在摇晃船。她很怕掉下去,就用两只手绕在两边的扶手上,然后冲着他骂。她从某人手里拿到一块黄中带红的石头,椭圆形的,外表光滑。她一看,上面有炼金术的图形,一个男女同体的图案。石头正面反面都有图案。

第二十四个梦:

她梦见一个很灵活的男人,去迎娶一个女人。天不亮就爬山,公公推着车在后面,婆婆化了红妆在前面,天上还挂着月亮,他们走在黑夜的山上。女孩这边和父母睡在一张床上,听到有迎亲的来了,赶紧叫父母起来,还没有化妆和准备。女孩有点傻傻的,反应迟钝、不灵活。

第二十五个梦:

她梦见自己买了个小头的圆球,摸这个球,发现球中间一块是硬硬的,她就把外面像剥肉一样剥开。里面是一块小山形状的薄的透明石头,是成形的大石头。一个年轻俊秀的男老板看了看,说它可以打磨成宝石,但是现在宝石还不是很透明,有纹路,现在切割了就浪费了,再放放就清澈了。

第二十六个梦:

她梦见男友要伸进她的肚子里摸孩子,别人以为只是伸到皮里,他有意一手伸到了子宫里,带出了好多青色辣椒碎一样的东西。她和大夫都吓坏了,肚子里的婴儿也受伤了,出了团红色的血。大夫责备说,孩子这么小,怎么可以伸到子宫里面去碰呢,孩子会受伤的。不过孩子因为还在子宫里,所以并不会残疾,慢慢地妈妈的养分会让他重新愈合,填充损失的东西,像没受伤时一样。

接下来的三次分析,她都在谈论她与男友的关系。

第二十七个梦：

梦中她听见什么东西倒下来，像是书堆，发出很大的声音。她醒了，爬起来看，却什么也没有，身上惊出毛毛汗。接着她又睡，梦见牢房塌了，跑出来很多大人，有男有女，还有很多孩子，大的五六岁，小的还在襁褓里。

第二十八个梦：

她梦见自己生了个孩子。生出来的时候她根本没时间带孩子，只是偶尔给孩子喂了几口奶，但是自己也没有什么奶水。

第二十九个梦：

她梦见厨房桌子下面盘着一条又长又粗的大蟒蛇，十米长，碗口粗。它不是全黑的，有点黄色的花纹。大家一起把它抱着扔到野外，她还是有些害怕，不敢再去厨房。

第三十个梦：

她梦见自己睡在床上，听见有抽纸的声音，她问是谁，没人回答。还是有声音，她又问是谁，还是没人答。后来，一个人爬到上铺睡，说了一句什么，她以为是家人回来了。结果那人直接爬到她身上来，那个人的手抓到她的手，她能感觉到他尖尖的、锋利的指甲。

第三十一个梦：

她梦见很多孩子躺在一堆纸盒子里，一堆孩子里有一个女孩醒了，怕孩子哭起来找爸妈吵醒其他孩子，她张手把孩子抱着走。她路过一个窗户，看见两三个男人在海里游着，抱着个巨大的轮胎。她面对窗户跟小孩说，你看，多大的轮胎啊。

第三十二个梦：

她梦见一个女孩，家里有一个男仆，他们相爱，父母不同意，常常因为这个打骂他们。一次，父母在女儿房间的阳台上发现了一个带有亮光的黑洞，就走进去，发现是他们两个人的小世界，他们在这里相依相偎。父母把女儿和男孩揪了出来,责骂审问,女儿坚定地说要和男孩在一起。她说,连在她自己房间的阳台上开一个小洞,父母都不能允许吗?就是因为有了这个洞,她可以和爱着的男孩交流和撒娇,获得放松、温暖和爱。

第三十三个梦:

她梦见高中的两个男同学 A 和 B,本来和她挺好的,女生 C 一回来,他们就凑上前去找 C 说话,C 都不想理他们。还有男生 D,在昏暗的房间里,递过来一个淡紫色盒子,里面装着一个透明的边上是淡紫红色的小发夹,很小但精巧。她感到 D 心里有她,眼泪掉了下来。

走出门,她想等 D 出来,可他们三个男生加上 C 却盖在被子里聊天,不知道在聊什么。她等了半天,D 也没有出来。她想 D 会不会在夹子盒里写了什么给她,于是把盒子找来看,里面果然有纸条,还是好几张,但字太小看不清。她找来一个放大镜,把字放大了看,原来写的是传统文化中讲礼仪孝义的内容。她很失望,心想原来 D 也不过是递给她一个简单的东西而已,C 却可以不费任何力气就得到他们的主动靠近和示好,而自己却总是孤身在外,得不到他人的唯一的喜爱。

第三十四个梦:

她梦见一个小女孩敲她的门问,里面有人吗?她回答有人。小女孩说那就太好了,说自己想吃肉包子,希望你能给她买个肉包子。可是她不想给小女孩买,就没作声。打开门的时候,小女孩哭起来了。小女孩的家长来了,小女孩的老师也来了。小女孩好像是怪你没给她买肉包子。小女孩的样子很不客气,有点野蛮。小女孩的女老师和爷爷是不会给小女孩买肉包子的。然后女老师跟小女孩的爷爷说,你们的教育观念是很正确的。小女孩哭得很伤心。

第三十五个梦:

在梦里,她拉到一只手,修长的像男友的手,他没有回头,听到果然是他的声音,还传来一阵惊悚的笑声,她就知道这是鬼。她心里很害怕,她死死地拉住它的手,想把它拉出去,路上又碰到另两个人,也是鬼。她拼命把它们塞进桶里,点上火盖上盖子。她想其他方法不行,把它们烧了,总可以消灭干净了吧。隔了许久,她打开桶盖,拿出一条婴儿穿的白纱裤,放到太阳底下晒。

第三十六个梦:

她梦见和自己爸爸一起出门往右边走。这时有三个黑人男人骑着两辆单车,叫爸爸给他们做什么,她一看就觉得他们想对爸爸动手,赶紧走上前去说 Can I help you? 他们扔给她一个金色的硬币。

第三十七个梦:

她梦见有个女鬼。她抓住了女鬼的手,女鬼的手指头粗粗的。她用力把手塞到自己的嘴里,想咬住女鬼的手指。

后来它又蹲在她床边,看到一个矮矮的黑影。

第三十八个梦:

她梦见自己跑下楼,从周围流动的水沟里捞出了很多书和字典,还捞出了一本日记本。

在之前几次的分析中,她反复地提到小时候被偷看然后遗失的日记本。

第三十九个梦:

她梦见自己弄错了数字,要坐牢,本来是45年,后来减刑到二十几年。她想,不能要别人替她去坐牢,要自己去完成,否则总觉得欠了什么东西。

第四十个梦:

她梦见骷髅走出来,就赶紧跑,到了一个小学,发现地方不对。她出去,见那些骷髅跑过来,就拉妈妈躲起来,结果有个绿人直接向她们走过来,她就赶紧往野地跑。

第四十一个梦:

她梦见一条大路,很宽,夜里她一个人往前走,稀稀疏疏地有两三个人结伴往回走,听到有人喊"天干物燥,小心火烛"。路的尽头是一栋学生宿舍,里面传来女生尖着嗓子的嬉笑声,"她们喜欢,嘿嘿嘿嘿"。听起来像女鬼,她走了走,又往回走了。

第四十二个梦:

她梦见自己和别人抬着棺材去火葬场焚烧,尸体还没腐烂。到了火葬场,工作人员要下班了,要他们把尸体寄存在那,明天再烧。她就找了个空位,像把东西放入抽屉一样把尸体放进去。她心想,又不是冷藏,放一夜会不会臭呀!进去时工作人员检查尸体,她没敢看,里面是一个年轻男人。

前后间隔很多次的分析中,她都提到了鬼、死尸、骷髅和怪物的意象,是典型的黑化意象。

第四十三个梦:

她梦见男友、姐夫和一个外国朋友都成了国王。她惊讶极了,他们怎么都成了国王呢。

第四十四个梦:

她梦见一开始奏乐后,男友就拉她上去跳舞。在窄窄长长的舞台上,他们一起跳。有人让她抱着一个肉乎乎的女婴,拿来三个塑料盒子装的头饰,全是新的发夹发饰。

第四十五个梦:

她梦见黑人男女和她一起站成一圈,只是跳舞,没有恶意。

第四十六个梦:

她梦见有个男人送给她一个红色的宝石戒指,还盛了一碗玉米排骨汤给她喝。

在 68 次分析中,她 46 次报告了她的梦,其余 22 次没有梦的内容,只是谈话治疗。

附录二　个案绒花分析报告

绒花,女,23岁,一直和母亲一起生活,没有办法维持朋友以及和异性的关系。她总是显得恐惧不安,情绪非常不稳定。

绒花分析的时间持续8个多月,共34次分析,很多时候分析的是在梦中以及分析时积极想象中的意象,或者是她平时灵感涌现时出现的画面,她都用绘画的形式记录了下来。

第一幅绘画作品及梦:

两个月,八次分析之后,第九次分析时她报告了一个梦。

她梦见三个士兵,中间那个士兵是狮子的头人的身体,朝她迎面走来。她很害怕,转身躲进了边上的房间,迅速把两扇门的栓子轻轻地拴住。他们就在门外,她不知道会发生什么,躺在房间的床上,害怕地哭起来,越哭越伤心,摊开双手像个婴儿,哭着叫妈妈,妈妈。

梦醒之后,她创作了一幅梦中的人身狮面的画,如图1所示。

显然,她被激发出的无意识形象吓坏了。之后的一个月里,她整天整夜停留在巨大的恐惧中,难以排遣。

图1　梦中的人身狮面

第二幅作品：

她说她一直不敢直视镜子，仔细看看镜子里的自己，觉得是那样可怕，想要逃跑。经历了多次分析之后，一次分析中她带来了她的自画像，如图 2 所示。她自己看了看，说我明明是照着自己画的，为什么画出来却像是个埃及壁画上的原始人呢。

图 2　自画像

第三幅作品：

在短暂的平静之后，很长的一段时间内，她的心里杂乱无章，如同乐谱打乱了顺序，像是很难用言语表达出来，她就画下了下面这幅《乱麻》，如图 3 所示。

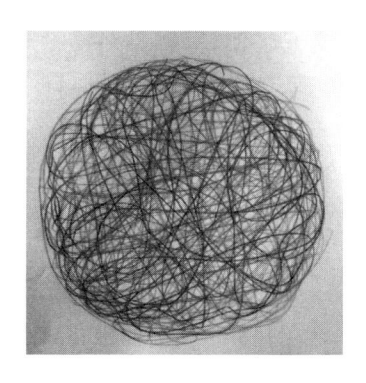

图 3　乱麻

第四幅作品：

黑化的阶段经历了很长的时间，其间出现了很多意象。同时，她表现出了明显的愤怒，不再那么循规蹈矩、小心翼翼。

半个月后的一次分析中，她报告了一个梦，她在地上画了好多粉笔怪兽，好漂亮。怪兽的身体都是一步步勾勒出来的，很生动。她去看看怪兽的脸，感觉不是很凶。

醒来以后，她把怪兽画下来，如图4所示。

图4 怪兽

第五幅作品：

两次分析后，她创作了《黑色的大贝壳》，是具有吞噬性的贝壳，如图5所示。

图 5　黑色的大贝壳

第六幅作品：

两次分析后，她画了一幅女人的全身像。女人穿着黑色的衣服，黑发长到腰部，如图 6 所示。她说这是她自己，待在黑暗里，只有一点亮光。事实上，她的头发是短发。

图 6　女人全身像

第七幅作品：

中间经历了两周。一天，绒花和家人发生了冲突，情绪激动到难以控制。她径直走到阳台，阳台的栏杆那一瞬间在她眼里变得矮到她的小腿部位。她似乎跨一步就能够过去。同时，她关上阳台门，自己一个人待在阳台让她安静了下来。后来她创作了油画《地狱》，如图7所示。

图7 地狱

第八幅作品：

在这次剧烈的爆发之后，她的情绪开始慢慢稳定了些。

绒花梦见一只可爱的小狮子从栅栏里跑出来，胖乎乎的，很可爱，她不觉得它有攻击性，如图8所示。

图 8　小狮子

第九幅作品：

两周之后,她又做了一个梦,梦的内容是她爬到小时候经常玩的山上,那儿有一条下山的道路,只有她知道。拨开一丛花,就可以看到那条路,如图 9 所示。

图 9　儿时山道

第十幅作品：

她在接下来一个月的农历十五月圆夜，看到月亮的时候画下来的《月夜》。月亮在她的眼里，是一个开放的金黄色花朵，周围是花的光芒，如图10所示。

图 10　月夜

第十一幅作品：

下一次分析时，她带来创作画《无题》。她说画这幅画的时候没有什么主题，就是想画什么就画在觉得舒服的地方，用让自己舒服的颜色，画完后再看，没有什么主题，也没有什么意义，如图11所示。

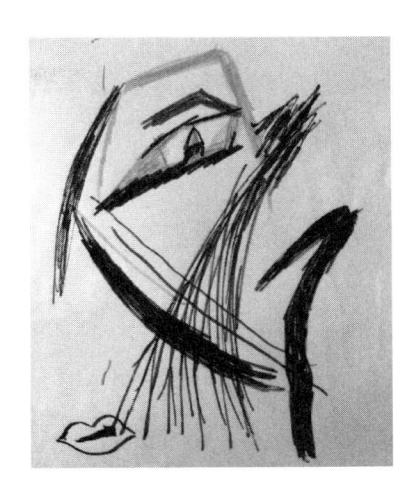

图 11　无题

第十二幅作品：

几周后，她创作了一幅油画《光》，如图 12 所示。她觉得一块黑色的石头缝隙里透出了黄色的光。

图 12　光

第十三幅作品：

图 13 是她创作的油画《凤凰鸟》，她说凤凰鸟很长，停到了寻常地方，特别夺目。

图 13　凤凰鸟

第十四幅作品：

一次做分析的时候，她随手画了一幅画，叫作《我的孩子》，如图 14 所示。

图 14　我的孩子

第十五幅作品：

她在积极想象中看到的卡通蛋糕，如图 15 所示。

图 15　卡通蛋糕

第十六幅作品：

图 16 是她创作的油画《月亮和人鱼》。

图 16　月亮与人鱼

第十七幅作品：

她创作了另一幅作品《无题》，如图 17 所示。

图 17　无题

第十八幅作品：

她创作了一幅油画《花》，如图 18 所示。

图 18　花

参考文献

[1][瑞士]C.G.荣格.移情心理学[M].梅圣洁,译.北京:世界图书出版公司,2014.

[2]尹立.精神分析与佛学的比较研究——基本思想之沟通及其应用[D].成都:四川大学:2002.

[3][美]杰弗里·芮夫.荣格与炼金术[M].廖世德,译.长沙:湖南人民出版社,2012.

[4][英]芭芭拉·汉纳.猫狗马[M].刘国彬,译.北京:东方出版社,1992.

[5][瑞士]荣格.回忆·梦·思考[M].刘国彬,杨德友,译.辽宁:辽宁人民出版社,1988.

[6]卫礼贤,荣格.金华养生秘旨与分析心理学[M].通山,译.北京:东方出版社,1993.

[7][美]詹姆斯·希尔曼.灵魂的密码[M].朱松,译.北京:商务印书馆,1997.

[8]Ping Z.尼古拉的遗嘱[M].北京:中国和平出版社,2004.

[9]C. G. Jung. Empathy Psychology[M]. Translated by MeiShengjie. Beijing:World Publishing Company in Beijing,2014.

[10]C. G. Jung. Memories, Dreams, Thinking[M]. Translated by Liu

Guobin, Yang Deyou. Liaoning: Liaoning People's Publishing Company, 1988.

[11]Wilhelm, Jung. The Jinhua Regimen BiZhi and Analysis of Psychology[M]. Translated by TongShan. Beijing: East Publishing Company, 1993.

[12]Jeffrey Raff. Jung and Alchemy[M]. Translated by Liao Shide. Changsha: Hunan People's Publishing Company, 2000.

[13]James Hillman. The Soul Code[M]. Translated by Zhu Song. Beijing: The Commercial Press, 1997.

[14]Ping Z. Testament of Nicholas Flamel[M]. Beijing: China Peace Publishing House, 2004.

[15]Barbara Hanna. The Cat and Dog Horse[M]. Translated by Liu Guobin. Beijing: The Commercial Press, 1992.

[16]C. G. Jung. Mysterium Coniunctionis[M]. Bollingen: Bollingen Foundation, 1916.

[17]Caifang Jeremy Zhu. Analytical Psychology and Daoist Inneralchemy: A Response to C. G. Jung's Commentary on The Secret of the Golden Flower[J]. Journal of Analytical Psychology, 2009(54): 493—511.

[18]Deborah Egger-Biniores. The Alchemy of Train[J]. Journal of Analytical Psychology, 2007(52): 143—155.

[19]E. J. Holmyard. Alchemy[M]. England: Penguin Books, 1990.

[20]Katherine Shrieves. Mapping the Hieroglyphic Self: Spiritual Geometry Inthe Letters of John Winthrop, Jr and Edward Howes (1627—1640)[J]. Renaissance Studies, 1989(25): 113—115.

[21]Linda Carter. A Jungian Contribution to a Dynamic Systems Un-

derstanding of Disorganized Attachment[J]. Journal of Analytical Psychology, 2005(50):209—222.

[22]Marco Heleno Barreto. The Riddle of Siegfried: Exploring Methods and Psychological Perspectives in an Alytical Psychology[J]. Journal of Analytical Psychology, 2016, 61(1): 88—105.

[23] Murray Stein. Some Reflections on the Influence of Chinese Thought on Jung and his Psychological Theory[J]. Journal of Analytical Psychology, 2005(50): 237—250.

[24]Shirley S. Y. Ma. The I Ching and the Psyche-body Connection [J]. Journal of Analytical Psychology, 2005(50): 237—250.

[25]Stanton Marlan. Fire in the Stone[M]. Canada: Coach House, 1997.

[26]Stanton Marlan. The Black Sun: The Alchemy and Art of Darkness[M]. The United States of America: Texas A&M University Press, 2008.

后　记

　　写完这本书之后,我才明白自己为什么会选择这样的主题。写之前,我做过一个梦。梦见我从地下很多层岩层向上走,一直到了地面,然后捡到一本小人书,里面全是图画。当时的我百思不得其解,这到底是什么意思呢。直到写完,我才明白,我想要的是通过画面意象表达心灵内容。心理分析过程像是探索宝藏一样,让我惊喜不断,同时也因为意象对心理分析的方法和意义有了更深的体会。此时,我脑海里出现的是赫尔墨斯令牌上的两条蛇,它们互相缠绕,盘旋向前。也许,它们本就是一个整体,我只是恰好窥探到其中的魅力而已。

　　心理分析是一个非常复杂而隐秘的过程,如何理解、把握心理分析的理论,如何理解心理分析的过程,这些都是非常不容易完成的课题。同样的,在实践中如何才能达到意识和无意识的整合,如何才能掌握分析中的火候,分析关系的本质是什么,怎样处理好移情,分析中会出现哪些阶段,这些也都不是很容易回答的问题。荣格在晚年醉心于意象分析,这一点非常值得我们思考。为什么他会放下那么多的研究角度而醉心于此呢?这也正是本研究的缘起之一。

　　本书尝试系统地梳理出心理分析的理论框架和操作要素,以让心理分析可以从另一个学术的角度得到更为具象的理解。同时,进行了实际的临床实验,欣喜地发现整个分析过程印证这个理论假说的有效性。

心理分析的意象转化让心理分析庞大的内容和复杂的过程更加具象化，使心理分析变得更容易理解，更容易把握。同时，其也从另一个角度表明，心理分析本身就是一种原型，或者说自性化本身就是人类文化的一种原型，不同的文化用不同的方式、不同的表达在进行同样的一个过程。

　　对心理分析理论与实操的深入理解能给临床治疗带来质的飞跃，这个理论假说具有一定的理论和实践价值。

　　但是心理分析是非常漫长而复杂的过程，期待有更多的同行能够加入这一行列，为获得更多的科研理论和实践成果一起努力。